未来科技

物联网

张海霞　主编

〔美〕保罗·韦斯　〔澳〕切努帕蒂·贾格迪什
白雨虹
副主编

IOT

科学出版社

北京

内 容 简 介

本书聚焦信息科学、生命科学、新能源、新材料等为代表的高科技领域，以及物理、化学、数学等基础科学的进展与新兴技术的交叉融合，其中70%的内容来源于IEEE计算机协会相关刊物内容的全文翻译，另外30%的内容由Steer Tech和iCANX Talks上的国际知名科学家的学术报告、报道以及相关活动内容组成。本书将以创新的方式宣传和推广所有可能影响未来的科学技术，打造具有号召力，能够影响未来科研工作者的世界一流的新型科技传播、交流、服务平台，形成“让科学成为时尚，让科学家成为榜样”的社会力量！

图书在版编目（CIP）数据

未来科技. 物联网/张海霞主编.—北京：科学出版社，2021.12

ISBN 978-7-03-071381-0

Ⅰ.①未… Ⅱ.①张… Ⅲ.①科学技术－普及读物②物联网－普及读物
Ⅳ.①N49②TP393.4-49③TP18-49

中国版本图书馆CIP数据核字（2022）第015462号

责任编辑：杨 凯 / 责任制作：付永杰 魏 谨
责任印制：师艳茹 / 封面制作：付永杰
北京东方科龙图文有限公司 制作
http://www.okbook.com.cn

科学出版社 出版
北京东黄城根北街16号
邮政编码：100717
http://www.sciencep.com
北京九天鸿程印刷有限责任公司 印刷
科学出版社发行各地新华书店经销

*

2021年12月第 一 版 开本：787×1092 1/16
2021年12月第一次印刷 印张：6 1/2
字数：123 000

定价：52.00元
（如有印装质量问题，我社负责调换）

编委团队

张海霞，北京大学，教授

iCAN&iCANX发起人，国际iCAN联盟主席，教育部创新创业教指委委员。2006年获得国家技术发明奖二等奖，2014年获得日内瓦国际发明展金奖，2017年荣获北京市优秀教师和北京大学“十佳导师”光荣称号，2018年荣获北京市五一劳动奖章和国家级教学成果奖二等奖，2020年入选福布斯中国科技女性五十强，2021年荣获Nano Energy Award。2007年发起iCAN国际大学生创新创业大赛，每年有20多个国家数百所高校的上万名学生参加。在北京大学开设“创新工程实践”等系列创新课程，2016年成为全国第一门创新创业的学分慕课，2017年荣获全国精品开放课程，开创了“赛课合一”iCAN创新教育模式，目前已经在全国30个省份的700余所高校推广。2020年创办iCANX全球直播平台，获得世界五大洲好评。

保罗·韦斯（Paul S. Weiss），美国加州大学洛杉矶分校，教授

美国艺术与科学院院士，美国科学促进会会士，美国化学会、美国物理学会、IEEE、中国化学会等多个学会荣誉会士。1980年获得麻省理工学院学士学位，1986年获得加州大学伯克利分校化学博士学位，1986~1988年在AT&T Bell实验室从事博士后研究，1988~1989年在IBM Almaden研究中心做访问科学家，1989年、1995年、2001先后在宾夕法尼亚州立大学化学系任助理教授、副教授和教授，2009年加入加州大学洛杉矶分校化学与生物化学系、材料科学与工程系任杰出教授。现任*ACS Nano*主编。

切努帕蒂·贾格迪什（Chennupati Jagadish），澳大利亚国立大学，教授

澳大利亚科学院院士，澳大利亚国立大学杰出教授，澳大利亚科学院副主席，澳大利亚科学院物理学秘书长，曾任IEEE光子学执行主席，澳大利亚材料研究学会主席。1980年获得印度Andhra大学学士学位，1986年获得印度Delhi大学博士学位。1990年加入澳大利亚国立大学，创立半导体光电及纳米科技研究课题组。主要从事纳米线、量子点及量子阱外延生长、光子晶体、超材料、纳米光电器件、激光、高效率纳米半导体太阳能电池、光解水等领域的研究。2015年获得IEEE先锋奖，2016年获得澳大利亚最高荣誉国民奖。在*Nature Photonics*, *Nature Communication*等国际重要学术刊物上发表论文580余篇，获美国发明专利5项，出版专著10本。目前，担任国际学术刊物*Progress in Quantum Electronics*, *Journal Semiconductor Technology and Science*主编，*Applied Physics Reviews*, *Journal of Physics D*及*Beilstein Journal of Nanotechnology*杂志副主编。

白雨虹，中国科学院长春光学精密机械与物理研究所，研究员

现任中国科学院长春光学精密机械与物理研究所Light学术出版中心主任，*Light: Science & Applications*执行主编，*Light: Science & Applications*获2021年中国出版政府奖期刊奖。联合国教科文组织“国际光日”组织委员会委员，美国盖茨基金会中美联合国际合作清洁项目中方主管，中国光学学会光电专业委员会常务委员，中国期刊协会常务理事，中国科技期刊编辑学会常务理事，中国科学院自然科学期刊研究会常务理事。荣获全国新闻出版行业领军人才称号，中国出版政府奖优秀出版人物奖；中国科学院“巾帼建功”先进个人称号。

Digital Object Identifier 10.1109/MC.2021.3055707

目录

物联网的 12 道风味

文 | Joanna F. DeFranco　宾夕法尼亚州立大学
译 | 程浩然

物联网（IoT）生态系统正在创造许多推进物联网发展的机会。然而，我们需要对什么是物联网，以及设计、开发和采用任一物联网系统所需考虑的复杂性有一个一致和清晰的认识。

物联网（IoT）这个词已经存在了20年。但是，在其问世20年后，公众是否真正理解了该术语的含义？这个词起源于1999年，由Auto-ID实验室的创始人Kevin Ashton提出，该实验室是一个网络化传感器和射频识别（RFID）领域的研究小组[1]。它最初的定义是“互联网通过无处不在的传感器（包括RFID）与物理世界相连的系统”[2]。

另一个有趣的事实是，发明第一个物联网设备的功劳归功于1982年卡内基梅隆大学的几个学生，他们在一台自动售货机上安装了一个微型开关，以报告可口可乐的供应状况和它的冰镇程度[3]。在2021年，从小小的灯泡到整个关键系统，物联网技术已被应用于一切设备中，例如，在智能电网，物联网可以确定城市的能源消耗，以提高安全和效率。

谷歌对全球互联网查询的趋势分析表明，从2014年到2016年，人们对物联网的兴趣迅速增长[4]。也可以说，即使在多次尝试定义物联网之后，仍有一部分人将其简单描述为以“智能”为前缀的名词。

以下是2015年的一些物联网定义的例子（黑体字为物联网的关键组成部分）。

物联网一词通常是指**网络连接**和**计算能力**扩展到通常不被视为计算机的物体、**传感器**和日常物品的场景，使这些设备能够在最小的人为干预下产生、**交换**和**使用**数据[5]。

尽管物联网没有一个统一的定义，但普遍的观点都认为它涉及物理世界与虚拟世界的结合——任何物体都有可能通过短距离**无线技术连接到互联网**上，如射频识别（RFID）、近场通信（NFC）或无线传感器网络（WSN）。这种物理世界和虚拟世界的融合，旨在增加对自然和社会过程的仪表化、跟踪和测量[6]。

世界迫切需要一个简单的、可操作的、被普遍接受的物联网定义

在所谓的物联网中，嵌入实物中的**传感器**和**执行器**，通常使用连接互联网的相同互联网协议（IP），通过**有线**和**无线网络**连接起来[7,8]。

这些定义都在正确的轨道上，然而，物联网并没有一致的、明确的定义。世界迫切需要一个简单的、可操作的、被普遍接受的物联网定义。因此，在2016年，美国国家标准与技术研究所（NIST）在SP-183中提供了一个物联网的定义[9]。他们选择将其称为“物体的网络”（Networks of Things, NoT），而不是“物体的因特网”（Internet of Things, IoT），因为互联网是一个无边界的网络，而不是一个有边界的网络。从技术上讲，它是一个网络的网络。从本质上讲，NIST的这份特别公告描述了物联网的构建模块，这些构建模块为物联网提供了底层和基础科学，基于五个核心物联网基本要素，这些构建模块是任何基于物联网系统的“乐高式”构件。

一般来说，系统基本要素允许对系统行为的描述以及形式化、推理、模拟、可靠性和安全风险权衡进行讨论、模拟和论证。这些基本要素也适用于具有大量数据和质量问题的系统，如可扩展性、异质性、性能、安全性和隐私。根据定义，所有物联网系统的五个基本要素包括传感器（测量物理属性，如RFID）、聚合器（转换传感器收集的数据的软件）、通信通道（数据传输）和电子设施的定义。大多数物联网的定义至少遗漏了一个重要部分。表1显示了目前物联网领域的十几个组织的物联网定义的样本。该表还包括通过与NIST NoT基元的映射对这些定义的分析。

六年后，即使在这个全面的定义出现之后，仍然有许多不同的、不完整的物联网定义涌现。表1显示，即使在2021年，物联网的定义不仅是不一致的——它们甚至缺少关键要素。最重要的是，任何物联网定义都要传达一个准确的理解，以便社会继续建立和推进物联网系统，并将其纳入日常生活的许多方面。

这里列出了带有支持实例的物联网领域样本：

（1）智能家居系统：使用地板振动传感器和可穿戴设备检测居住者的活动，了解居住者的活动/休息模式，以确定是否需要干预[10]。

（2）自主耕作设备：具有更高安全性的机器人农用车设备，有能力对意外危险做出反应（https://asirobots.com/farming）。

（3）健康护理：可穿戴的健康监测器，例如，闭环胰岛素泵和被植入服装面料中的智能心脏监测传感器[11]。

（4）智能工厂设备：通过实时分析提升自动化与优化工作(https://tulip.co/glossary/what-is-smart-factory-and-what-it-means-for-you/)。

（5）库存追踪器：改善库存的可见性，以减少过剩的库存；运输集装箱/车辆与物流追踪，以改善供应链管理。

（6）城市：收集、评估和决策，以发展新的交通

表 1　物联网定义分析			
物联网定义	优点	缺点	可行性
“物联网（IoT）指物理对象——“事物”的网络。它嵌入了传感器、软件和其他技术，目的是通过互联网与其他设备和系统连接并交换数据。”—Oracle.com	使用传感器与软件来收集和交换数据	未讨论数据分析	不可行。数据是否会触发一个事件？交换的数据会发生什么？
“物联网（IoT），是一个由相互关联的计算设备、机械和数字机器、动物或人组成的系统，这些设备具有独特的标识符（UID），并能够通过网络传输数据，而不需要人与人或人与计算机的互动。”——internetofthingsagenda.techtarget.com	数据通过网络传输	未讨论传感器/数据收集。未讨论数据分析	不可行。数据是否会触发一个事件？交换的数据会发生什么？
“物联网连接了数十亿收集和共享数据的设备，同时整合了物理和数字世界。”——ACM.org	收集数据（假设为传感器）与共享	未讨论数据分析	不可行。数据是否会触发一个事件？交换的数据会发生什么？
“物联网（IoT）是包含嵌入式技术的物理事物的网络，这些物理事物可以与它们的内部状态或外部环境进行通信、感应或互动。”——Gartner.com	使用传感器和软件进行通信	未讨论数据分析	不可行。数据是否会触发一个事件？交换的数据会发生什么？
“物联网是将任何设备（只要它有一个开关）连接到互联网和其他连接设备的概念。物联网是一个由连接的事物和人组成的巨大网络——所有这些都收集和分享关于它们的使用方式和它们周围环境的数据。”——IBM.com	收集数据（假设为传感器）与共享	未讨论数据分析	不可行。数据是否会触发一个事件？交换的数据会发生什么？
“它是你的设备、机器、产品和装置，它们可以连接到云，用于收集和安全地传输数据。”——azure.microsoft.com	收集数据（假设为传感器）与共享	未讨论数据分析	不可行。数据是否会触发一个事件？交换的数据会发生什么？
物联网是“使用嵌入物理环境中的网络连接设备，以改善一些现有的流程，或实现以前不可能实现的新场景。这些设备或事物连接到网络，以提供它们通过传感器从环境中收集的信息，或允许其他系统通过执行器接触并作用于世界。”——cloud.google.com	使用传感器和软件来收集和共享数据	未讨论数据分析	可行。"通过执行器作用于世界"
“允许使用互联网向物体和设备（如固定装置和厨房用具）发送和接收信息的网络功能。”——Merriam-Webster.com	收集数据（假设为传感器）与共享	未讨论数据分析	不可行。数据是否会触发一个事件？交换的数据会发生什么？
“通过互联网将嵌入日常物品的计算设备相互连接，使它们能够发送和接收数据。”——谷歌词典	数据共享	未讨论传感器/数据收集。未讨论数据分析	不可行。数据是否会触发一个事件？交换的数据会发生什么？
“物联网（IoT）是指一个由相互关联的、与互联网相连的事物组成的系统，这些事物能够通过无线网络收集和传输数据，而不需要人为干预。”——Aeris.com	收集数据（假设为传感器）与共享	未讨论数据分析	不可行。数据是否会触发一个事件？交换的数据会发生什么？
“物联网（IoT）是一个总括性的术语，指越来越多的电子设备，而不是传统的计算设备，与互联网连接，发送数据、接收指令或两者兼而有之。”——Networkworld.com	数据共享	未讨论传感器/数据收集。未讨论数据分析	不可行。数据是否会触发一个事件？交换的数据会发生什么？
“物联网就是通过射频识别、红外传感器、全球定位系统、激光扫描仪等信息传感设备，按照约定的协议将任意物体连接到互联网上。它是一种通过信息交换和通信实现物品的智能识别、定位、跟踪、监控和管理的网络。”—Alibabacloud.com	使用传感器和软件来收集和共享数据	未讨论数据分析	不可行。数据是否会触发一个事件？交换的数据会发生什么？

模式，拥有有效的速度限制交通灯或智能电网，使用数字通信技术实现电力和数据的双向流动，检测和反映电力使用及问题。

（7）教育：为教师、学生和工作人员的教学过程，以及所有教育资产，如图书馆、教室和实验室提供支持[12]。

物联网的主要考虑因素

尽管一些物联网的定义意味着没有人类的交互，但这并不准确。物联网当然包括人类以及物理和网络“事物”之间的连接。这些众多的连接通常是复杂的，导致在采用物联网系统时需要考虑和改进一系列核心信任问题。NIST撰写了一份内部报告（8222），描述了17个核心技术信任问题，以及在快速变化的物联网行业中减轻这些问题影响的方法[3]。

（1）可扩展性：每当一个新的“事物”被添加到系统中时，复杂性就会增加。

（2）异构性：互操作性和集成性导致意外的突发行为。

（3）所有权和控制权：第三方黑盒设备缺乏透明度。

（4）可组合性、互操作性、集成和兼容性：在向系统添加新的硬件和软件组件之前，需要对这些要求中的每一项进行严格的分析，以确定对主要系统需求的影响。

（5）实用性：非功能或质量需求需要被优先考虑，并评估其技术冲突。

（6）同步化：解决由于并行发生的计算/事件的timing而出现的异常情况。

（7）测量：改进在系统中采用和整合“事物”的指标与措施。

（8）可预测性：建立系统组件交互的预测能力。

（9）测试和保证：解决由于系统的相互依赖而导致的测试难度增加的问题。

（10）认证：解决任何类型的认证所产生的问题，以确认诸如系统寿命和上市时间等事项。

（11）安全性：需要提高安全性，因为更多的连接可能会导致未经授权的各方更容易进入。

（12）可靠性：通过处理来自事件和数据的异常情况来增加系统的复原力。

（13）数据完整性：确保系统数据的准确性、保真度、可用性和信心。

（14）过量的数据：确保由于动态和快速变化的系统数据流和工作流程而产生的过量数据的完整性。

（15）性能：需要提高性能才够从故障和失误中恢复过来。

（16）易用性：改进用户的“友好性”，以约束用户的限制条件。

（17）可见性和可发现性：解决日益增加的隐私问题，因为物联网系统可能会在用户的生活中根深蒂固，例如，用户可能会忘记系统在感应他们的一举一动并倾听他们说的每一个字。

六年后，即使经过这个全面的定义，还有很多不同的、不完整的物联网定义

世界已经发展成为一个物联网生态系统，为推动物联网的发展创造了许多进一步的机会。我们还有很长的路要走，以改善特定领域的关键系统的连接，如在智能城市、医疗保健和执法领域。这些领域内和领域间连接的改善将促进所有人的健康护理、效率和决策。因此，类似于19世纪初，由于电动机的出现，世界需要电气工程师，或者在20世纪50年代末，为了开发在地球大气层中运行的车辆，出现了航天工程，世界可能需要官方的物联网工程师来解决物联网系统设计中的信任问题。持续关注和改善物联网设备和系统设计中的信任问题至关重要。此外，教育专业人员设计有效和高效的物联网系统肯定会满足这一迫切需求。

因此，除了对物联网有一个一致、准确的定义外，我们还需要关注对新一代物联网工程师的教育。研究人员需要使用一致的物联网定义，工程师需要继续改善物联网系统的信任问题，同时发明新的物联网使用方法。需要新的和改进的工程课程、学习模式和专业培训来发展多个工程学科的核心技能。

参考文献

[1] “Kevin Ashton invents the term ‘The Internet of Things’,” History of Information, 1999. https://www.historyofinformation.com/detail.php?id=3411.

[2] “IoT Primer,” Action Point Analytics, 2015. https://actionpointanalytics.com/iot-primer/.

[3] “History of the Internet of Things (IoT),” IT Online Learning, 2020. https://www.itonlinelearning.com/ blog-history-iot/.

[4] C. Greer, M. Burns, D. Wollman, and E. Griffor, “Cyber-physical systems and internet,” National Institute of Standards and Technology, Gaithersburg, MD, NIST Special Publication 1900-202, 2019. [Online]. Available: https://nvlpubs.nist.gov/nistpubs/SpecialPublications/NIST.SP.1900-202.pdf.

[5] K. Rose, S. Eldridge, and L. Chapin, “The internet of things (IoT): An overview,” Internet Society, Reston, VA, Oct. 2015. [Online]. Available: https://www.internet society.org/wp-content/uploads/ 2017/08/ISOC-IoT-Overview-20151221-en.pdf.

[6] J. Winter, “Algorithmic discrimination: Big data analytics and the future of the internet,” in *The Future Internet: Alternative Visions*, vol. 17, J. Winter and R. Ono, Eds. Cham: Springer-Verlag, Dec. 2015, pp. 125140.

[7] M. Chui, M. Löffler, and R. Roberts, “The Internet of Things,” McKinsey Quarterly, McKinsey & Company, Mar. 2010. https:// www.mckinsey.com/industries/ technology-media-and-telecommunications/our-insights/the-internet-of-things.

[8] T. Samad, “Control systems and the Internet of Things [Technical Activities],” *IEEE Contr. Syst. Mag.*, vol. 36, no. 1, pp. 13–16, Feb. 2016. doi: 10.1109/MCS.2015.2495022.

[9] J. M. Voas, “Networks of ‘things’,” Special Publication (NIST SP), National Inst. of Standards and Technology, Gaithersburg, MD, 2016. Accessed: July 6, 2021. [Online]. Available: https://pages.nist.gov/ NIST-Tech-Pubs/SP800.html.

[10] J. F. DeFranco and M. Kassab, “Smart home research themes: An analysis and taxonomy,” in *Proc. Conf. Complex Adaptive Syst.*, 2021, pp. 1–10.

[11] J. F. DeFranco and M. Hutchinson, “Understanding smart medical devices,” *Computer*, vol. 54, no. 5, pp. 76–80, May 2021. doi: 10.1109/ MC.2021.3065519.

[12] M. Kassab, J. DeFranco, and P. Laplante “A systematic literature review on internet of things in education: Benefits and challenges,” *J. Comput. Assisted Learn.*, vol. 36, no. 2, pp. 115–127, Apr. 2020. doi: 10.1111/jcal.12383.

[13] J. Voas, R. Kuhn, P. Laplante, and S. Applebaum, “Internet of things (IoT) trust concerns,” National Institute of Standards and Technology, Gaithersburg, MD, White Paper, Oct. 17, 2018. Accessed: July 6, 2021. [Online]. Available: https://csrc.nist.gov/ CSRC/media/Publications/white-paper/2018/10/17/iot-trust-concerns/ draft/documents/iot-trust-concerns-draft.pdf.

[14] J. DeFranco, M. Kassab, and J. Voas, “How do you create an internet of things workforce?” *IEEE IT Prof.*, vol. 20, no. 4, pp. 8–12, July/Aug. 2018. doi: 10.1109/ MITP.2018.043141662.

关于作者

Joanna F. DeFranco 宾夕法尼亚州立大学软件工程副教授。联系方式：jfd104@psu.edu。

（本文内容来自 Computer, Oct. 2021） **Computer**

数据中心的边缘计算防御基于物联网的攻击

文 | Bibek Shrestha，Hui Lin　内华达大学里诺分校
译 | 闫昊

物联网 (Internet of Things，IoT) 通过支持 Wi-Fi 的高功率设备向电网引入了新的攻击面，从而导致安全机制失效。我们提出了一种以数据为中心的边缘计算基础设施，通过集成分散电网区域中的物理状态，在物联网云中托管防御机制。

电网系统集成了信息技术（information technology，IT）和操作技术（operational technology，OT）组件，以执行最佳能源管理[1]。IT组件通过与公共互联网隔离的基于Internet协议的通信网络连接；OT组件通过电气设备（如传输线）连接。公用事业运营商使用这些IT/OT网络来监视和控制物理组件的状态，例如，由个人用户调整的负载需求。然而，配备Wi-Fi的负载单元成为物联网的一部分，并暴露在公用事业运营商无法控制的开放云中。通过这个物联网云，用户可以使用各种移动应用程序和网络界面终端来调整负载需求。

如图1所示，物联网云通过越来越多地使用支持Wi-Fi的高功率设备（如热水器和烤箱），为电网带来了新的攻击面。最近的研究表明，设备漏洞使攻击者能够在大范围内控制大量物联网设备。例如，使用Mirai恶意软件，不法分子危害了600多万台配置不当的联网摄像头，发动了迄今为止最大的分布式拒绝服务攻击。通过将这些方法应用于物联网增强型电网，恶意方可以立即显著改变负载需求，导致系统范围内的不稳定和中断[2]。

基于物联网的攻击使目前仅关注电力系统或物联网云的安全机制变得无效。解决该漏洞需要物联网云防御，这是引导我们进行边缘计算的独特需求。边缘计算最初用于提高大型内容提供商的网络性能，方法是在分散区域部署边缘服务器来处理来自终端设备的请求，而不涉及集中式云服务器（参见图1）[3]。每台边缘服务器都在终端设备附近构建一个小型云环境（通常称为边缘云），以平衡通信流量并以很小的延迟服务请求[4]。我们建议使用边缘计算来增强物联网云中当前基于边界的防御，而不是提高网络性能，方法

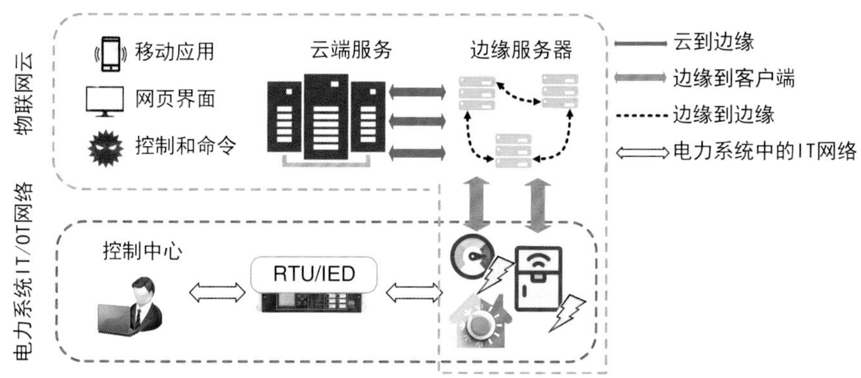

图1　将负载单元暴露在物联网云中为电力系统带来了新的攻击面：对手攻击移动应用程序、网络界面和僵尸网络，从而操作物联网设备并改变负载需求。RTU：远程终端设备；IED：智能电子设备

是从不同电力系统区域的物联网设备收集物理数据，并使用这些信息来确定和执行安全策略。

通过在物联网云中逐步部署边缘计算[1]，我们试图初步了解将该技术用作未来防范物联网攻击的基础设施基础的可行性、优势和开销。具体地说，通过说明性的例子，我们试图回答以下问题：

（1）边缘计算基础设施是否能够托管电网应用？适当地托管电网应用程序可以确保我们几乎不会出现误报，这是安全设计的前提条件。与通用云中的移动设备不同，电网物联网设备的物理位置相对静态；物理数据的动态变化具有很大的不确定性，这对电网运行至关重要。为了回答这个问题，我们讨论了边缘计算如何托管传统电网能源管理系统。许多研究工作提出了去中心化算法；少数研究讨论了能够有效运行算法的计算基础设施。通过在边缘计算基础设施中托管能源管理，可以在物联网设备附近监控物理状态，从而为其他安全设计奠定基础。

（2）边缘计算能给电网带来哪些安全效益？边缘计算间接改变了来自物联网设备的信息流，为设计多层防御机制抵御基于物联网的攻击提供了机会。使用分散式边缘服务器托管安全设计可以满足物联网云中现有的基于边界的保护和集中式入侵检测系统（intrusion-detection system，IDS）之间的权衡，前者缺乏对物理状态的考虑，后者存在较长的延迟。在边缘服务器中，我们可以根据物联网设备在电网控制操作中的作用，为每个物联网设备动态部署细粒度策略。

（3）边缘计算的潜在开销是什么？边缘计算改变了网络流量。为了充分了解拟议的以数据为中心的边缘计算基础设施对物联网云和电力系统IT/OT网络的影响，我们开发了一个集成了六个电网的网络物理测试平台。我们实现了细粒度的访问控制，初步结果表明，性能开销平均不到5%，可以忽略不计。

相关工作中的研究空白

物理保护

Huang等证明[5]，变电站现有的物理保护（如初级和次级控制）可以减轻基于物联网的攻击的影响，即使这种保护可能无法完全消除网络威胁。Soltan等[6]通过分配更多操作余量（如预留发电）进一步调整物理保护，以响应基于物联网的攻击导致的负载需求的突然和重大变化。这些被动方法并不禁止未经授权访问物联网设备。当攻击者改变物联网云中的攻击策略时，这些方法需要相应地调整物理保护，从而给现有控制操作带来大量开销。

物联网设备上的策略实施

当前的安全方法通过指定可限制入站和出站流量的行为相关策略[7]来检测和防止对物联网设备的攻击[8]。然而，这些方法不会在基于物联网的攻击下强制执行安全行为，因为它们通常缺乏对电网物理状态的了解。例如，访问控制策略能够限制攻击者可以访问的设备数量，但基于物联网的攻击可能会通过访问少量高功率设备而导致物理中断，从而导致负载需求突然增加。

智能电网中的边缘计算

Okay和Ozdemir[9]建议将边缘计算应用于电网的IT网络，以便在减少延迟的情况下对不断增加的物理测量进行分级管理。边缘计算是一种可行的解决方案，特别是对于配电网络，因为电力公司部署现成的IT/OT组件[10]。与Faruque和Vatanparvar类似[11]，我们建议在物联网云而不是电网IT网络中部署以数据为中心的边缘计算。然而，与Faruque和Vatanparvar专注于向个人用户提供能源服务不同，以数据为中心的边缘计算从多个站点收集物理测量数据，以监控电网的安全状况。

构建以数据为中心的边缘计算

系统和威胁模型

在图2中，我们展示了以数据为中心的边缘计算基础设施的设计组件，用于实施安全策略。我们假设物联网云在网络边界使用边缘服务器来处理来自物联网设备的服务（图1所示的高功率负载单元）。这一假设与物联网云现有的基于边界的防御措施相兼容。在它下面，连接云服务器和物联网设备的通信链路分为三部分。边缘到客户端链路具有较短的地理距离和足够的带宽，可实现较短的延迟并减少云到边缘链路的工作负载。一些应用程序还需要边缘到边缘通信来交换来自不同区域的信息，并且不涉及云服务器。

我们假设，攻击者可以通过欺骗物联网设备的恶意测量和更改用户的控制命令来破坏具有Web接口的移动应用程序和计算机，从而控制物联网设备。我们不假定有任何软件错误或协议漏洞授予对手这样的能力。与以前依赖负载单元完整性的IDS设计不同，我们假设攻击者已经攻破了物联网设备并安装了BOT应用程序。因此，这些参与者还可以使用控制和命令服务器在大量物联网设备上操作。

以数据为中心的边缘计算来托管电网应用

对于以数据为中心的边缘计算来说，托管电网应用程序、监控由相应物联网设备收集的物理状态至关重要。此功能可避免在正常运行条件下发出错误警报，并且是实施物联网攻击安全策略的前提条件。

电网使用的控制应用可能与通用物联网云中使用的控制应用不大相同。例如，在物联网云中，移动性是一个常见特征，云和边缘服务器旨在优化对更改位置的终端设备的资源分配。在电网中，物联网设备很少移动。然而，它们收集的物理数据的变化在控制应用中起着关键作用。因此，在将边缘计算应用到电网计算环境中时，我们应该将设计的重点转移到根据数据的运行状态对数据进行分类，并控制对安全至关重要的运营服务需求。

为了反映电网的新设计重点，我们使用图2概述以数据为中心的边缘计算基础设施，其中包括两个步骤：

（1）子系统构建：我们在逻辑上将物联网设备和变电站（或“总线”，如图2所示）中的负载单元分组

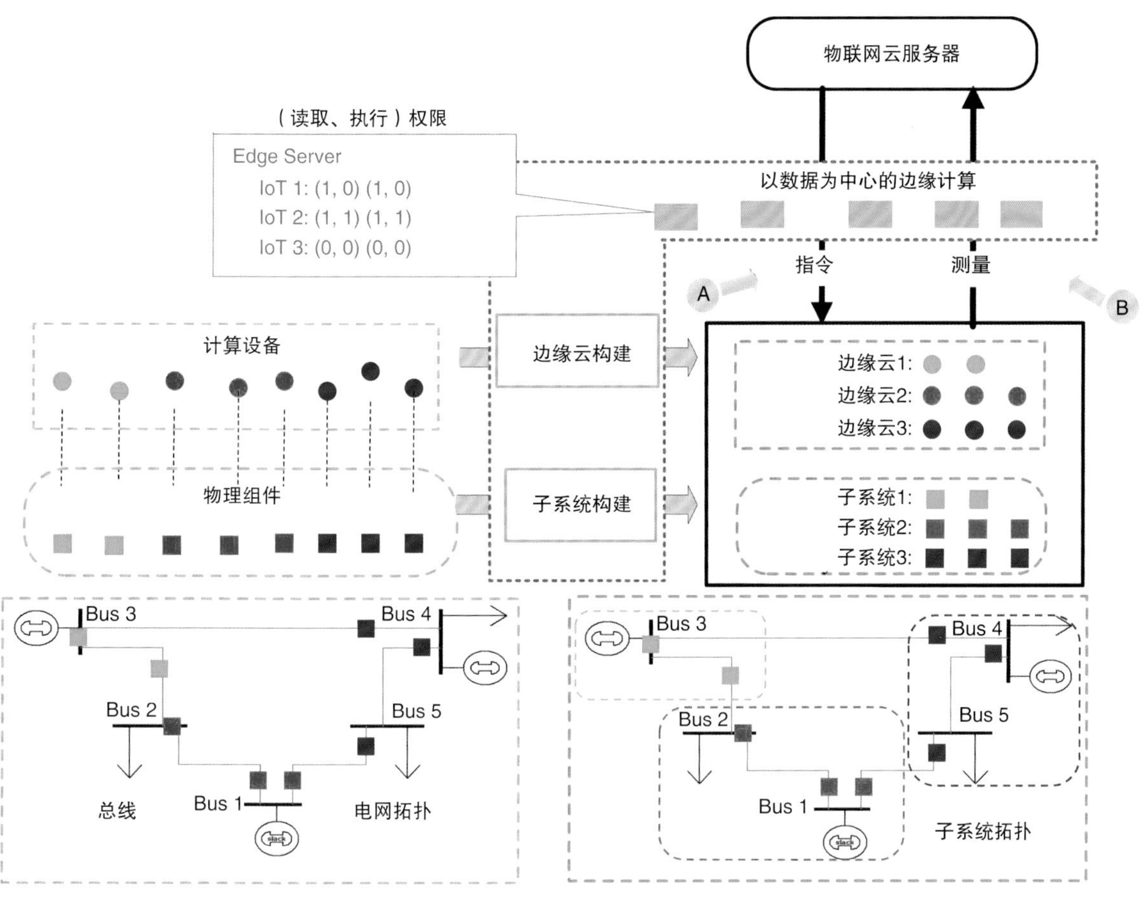

图 2　以数据为中心的电网边缘计算基础设施

到不同的电网子系统中。因此，我们可以在每个边缘服务器上使用更少的计算资源来分析小规模子系统的物理状态。子系统构建的过程因控制应用以及物理组件的当前状态而异。例如，如果我们设计用于分布式状态估计的子系统（在下一段中讨论），我们根据算法中的分解步骤来构造它们，即在一个子系统（其中 m 是设计参数）中包含多达 m 个负载单元，这些负载单元构成原始电网的输配网络的连通子图。

（2）边缘云构建：构建边缘云（即包含边缘服务器和物联网设备的小型云环境），我们根据物联网设备收集到的物理状态之间的关联关系，将物联网设备连接到边缘服务器，这些关联关系由相应的子系统确定。此过程不同于用于通用应用的边缘云构建，在通用应用中，终端设备通常根据其地理位置连接到边缘服务器。边缘服务器的数量取决于物联网云中的可用计算资源以及每个边缘服务器可以处理的数据量，这与子系统的大小有关。

以数据为中心的边缘计算不一定依赖于软件定义的网络（SDN），SDN 是一种能够在运行时操纵网络流的先进技术。全球网络可见性和灵活的可编程性可以极大地有利于边缘计算[12]。例如，我们可以使用 SDN 控制平面来提取与物理状态相关的应用层有效负载，从而在没有专有工具的情况下对物联网设备进行分类。

能源管理系统使用不同的应用程序。在本文中，我们使用提出的以数据为中心的边缘计算来托管状态估计，这是许多应用的基础，例如最优电流和事故分析。具体地说，我们应用分布式或分层状态估计方法，并使用每个边缘服务器来托管电网小区域的状态估计。分布式状态估计通常遵循分解 - 协调方案[13]。在分解中，电网被分成多个区域，每个区域独立地执行其状态估计。在协调中，基于在每个相关区域估计的状态迭代更新联络线（即连接两个区域的传输线）的测量值。

以数据为中心的边缘计算可以作为分布式状态估计的基础设施。具体地说，为了支持分解，我们可以通过包括任意数量的物理组件来动态构建子系统，这些物理组件形成原始输配电网络的连接子图，提供了比以前的方法更大的灵活性[13]。为了便于协调，边缘到边缘链路可以确保子系统之间的数据交换，例如，联络线测量。通过应用以数据为中心的边缘计算，我们预计将显著减少流向控制中心的流量以及状态估计延迟，从而实现对远程站点异常的即时响应。

以数据为中心的边缘计算还可以托管未来的微电网应用程序，这些应用程序将在不涉及控制中心的情况下管理分布式能源资源[14]。许多能源管理系统提出了分散算法，如乘法器的交替方向法，以充分发掘分布式计算的好处[15]。通过在不同的边缘服务器上运行这些算法，我们可以监控未来微电网的物理状态，并相应地指定安全策略。

防御基于物联网的攻击的安全策略

为了更好地解释，我们根据最有可能的目标（在图2的灰色圆圈中标记为“A”和“B”）将可以在物联网云中发起的攻击分为两种类型，并讨论以数据为中心的边缘计算如何加强对它们的防御。

（1）A类：与控制相关的攻击（CRA），攻击者通过向大量物联网设备发出或修改控制命令来恶意更改物理状态，例如，大幅调整负载需求。

（2）B类：虚假或不良数据注入攻击（FDIA），这种类型的攻击对电力系统中使用的状态估计构成严重威胁，因为恶意方可以利用电网知识（如输配网络拓扑）来危害物理状态，而不会被发现[17]。

以数据为中心的边缘计算可以起到安全中间盒的作用：每个边缘服务器都可以在连接的物联网设备上实施细粒度的安全策略，例如，对测量和控制命令的“读取”和“执行”权限。在图2中，我们提供了一个激励示例。我们为连接到边缘服务器1的三台物联网设备指定权限；对于每台设备，我们根据控制操作的主体（如边缘服务器和云服务器）将权限位放入两组。我们使边缘和云服务器能够从设备1读取测量数据，但不能在设备1上执行命令。

针对CRA（A类）的保护

尽管有许多IDS方法用于防御与控制相关的攻击，但大多数方法都是针对集中式单元（如控制中心）提出的，并且依赖于在那里收集的丰富信息。集中式IDS带来了三个问题：首先，它们需要信任电力系统中种类繁多的计算设备，这会使威胁模型复杂化，并使其部署变得不那么实用；其次，它们可能会受到检查时间到使用时间（TOCTTOU）漏洞的影响，因为在集中式IDS分析之后，攻击者可以在广域网（WAN）中危害控制命令；最后，当检测到需要修复物理损坏时，响应机制需要另一轮通信才能到达远程变电站。

设置执行权限会极大地限制攻击者可以向其发出恶意控制命令的物联网设备的范围。使用图2中的示例，即使攻击者可以危害关键设备并注入命令，该攻击者也不能恶意地将指令重新路由到设备1或3，因为边缘服务器不允许在那里执行命令。因此，攻击者只能在设备2上造成干扰。如果我们能够确保目标电网能够容忍在设备2上执行的任何命令，我们就可以防止物理损害。

更重要的是，我们设想以数据为中心的边缘计算可以弥补集中式IDS的缺陷。由于分布在不同站点的边缘服务器不需要复杂的实施，我们可以信任它们而不是电源系统，从而降低威胁模型的复杂性，并防止控制中心成为攻击点。由于边缘服务器靠近物联网设备，我们可以减少TOCTTOU窗口的宽度以及启动响应机制的延迟。

针对FDIA的保护（B类）

在以数据为中心的云计算中，我们使用边缘服务器托管状态估计应用程序来监控子系统的物理状况。乍一看，边缘服务器似乎容易受到FDIA的攻击。但是，它们设置的读取权限可能会使攻击难以实现。以前的工作表明，随机过滤受损数据（即使只是一小部分）可以有效地对抗FDIA，因为剩余的更改数据可能会触发状态估计警报[18]。然而，没有友好的方式来实现这些机制：它们需要修改状态估计软件，这可能会降低估计精度，或者故意引入物理中断。

读权限可以在不修改软件和物理中断的情况下直接启用这种功能。通过随机将来自物联网设备的某些数据标记为不可读，边缘服务器使用一组攻击者难以获取的信息来执行状态估计。在没有此类知识的情况下，随机泄露的数据很容易触发警报。此外，我们还可以根据数据冗余设置读权限，以保持状态估计的准确性。由于边缘服务器可以连接多个设备并实现广泛的可观察性，因此它可以识别数据冗余并选择足以进行精确状态估计的信息子集（也称为基础或关键数据集）。设置读取权限的另一个目标是保护数据隐私和用户机密性。通过在电网中应用边缘计算，我们可以根据用户所涉及的物理应用来确定用户的身份。

具有边缘计算基础设施的网络物理实验平台

为了提供以数据为中心的边缘计算的初步可行性评估，我们开发了一个网络物理实验平台，如图3所示。它包括作为评估案例的六个电网的真实网络（基于SDN的边缘计算基础设施）和物理（电力系统分析）方面：

（1）物联网云：我们通过连接Microsoft Azure中的物联网中心应用和实验室网络中的物联网设备仿真器实施了物联网云，该实验室网络构建在五台HP ProCurve 3500yl交换机和七台HP ProLiant DL360服务器上。每台交换机有48个端口，我们为每台服务器扩展了20个以太网端口。通过将交换机端口分组到不同的虚拟局域网中，我们基于Topology Zoo数据集构建了六个不同规模的网络（括号中的数据表示的是每个网络的交换机数量）[19]。

（2）电网仿真：为了给网络流量提供物理数据，我们利用开源的MATLAB工具箱MATPOWER对不同输配电网络的电力系统进行了仿真[20]。在电网的稳态分析中，MATPOWER起着两个关键作用：首先，它通过单独的通信通道生成物理数据并将其传输到模拟物联网设备，物联网设备通过物联网云将信息发布到物联网中心应用程序；其次，当发生基于物联网的攻击时，MATPOWER会估计负载更改命令的物理后果，并将更新的数据发送到物联网设备。

（3）边缘服务器：我们遵循Hu等的建议[12]，在SDN之上实现了边缘计算基础设施。具体地说，我们使用开放式网络操作系统（Open Network Operating

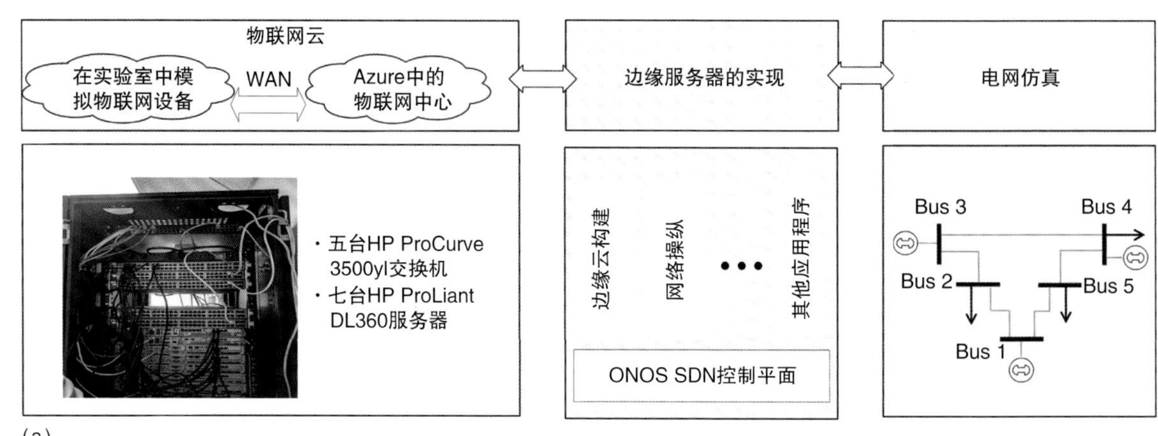

案例	电网仿真	通信网络
案例1	IEEE 24 bus	DataX (12)
案例2	IEEE 30 bus	Abilene (22)
案例3	RTS96 73 bus	HurricaneElec (48)
案例4	Poland 256 bus	Chinanet (84)
案例5	Poland 406 bus	Cesnet (156)
案例6	Poland 1153 bus	Forthnet (248)

(b)

图3 （a）具有边缘计算基础设施的网络物理实验平台；（b）在网络物理理实验平台上实施的案例，括号中的数字表示每个网络的交换机数量

System，ONOS）SDN控制器来控制网络流量，并根据内容将物联网设备分组到边缘服务器中。ONOS提供了两个对实现本文提出的功能至关重要的功能：支持开发应用程序（如安全策略），并在运行时将它们添加到核心引擎；便于安装新的网络协议解析器和编码器，以便控制器能够从运行时网络数据包中获取电网知识。

在图4所示的初步评估中，我们重点关注了边缘服务器构建子系统和分组物联网设备带来的开销，以及“安全策略”部分概述的性能。在未来的工作中，我们将在提出的边缘计算基础设施之上实施和评估其他安全策略。我们使用图4左侧的y轴（柱状图），展示了构建子系统和对物联网设备分组带来的开销。对于每种情况（由x轴指定），我们将子系统的最大值从4增加到10，并测量了对开销的影响。我们可以看到，构建子系统的延迟平均约为1.6ms，并且不受子系统和模拟电网大小的显著影响。

虽然配置边缘服务器的开销不受通信网络规模的影响，但由于SDN控制器监控和操作来自多个物联网设备的网络流量，因此该开销会随着子系统的规模而增加。在我们的实验中，我们使用ONOS SDN控制器的单个实例连接模拟网络中的所有交换机。当我们将子系统的规模增加到10时，拥塞的网络增加了SDN控制器配置边缘服务器的延迟。即使在这种情况下，我们也可以在平均不到6ms的时间内配置边缘服务器。实际上，我们可以部署多个控制器来进一步降低开销。

我们使用图4右侧的y轴（线条图），展示了SDN

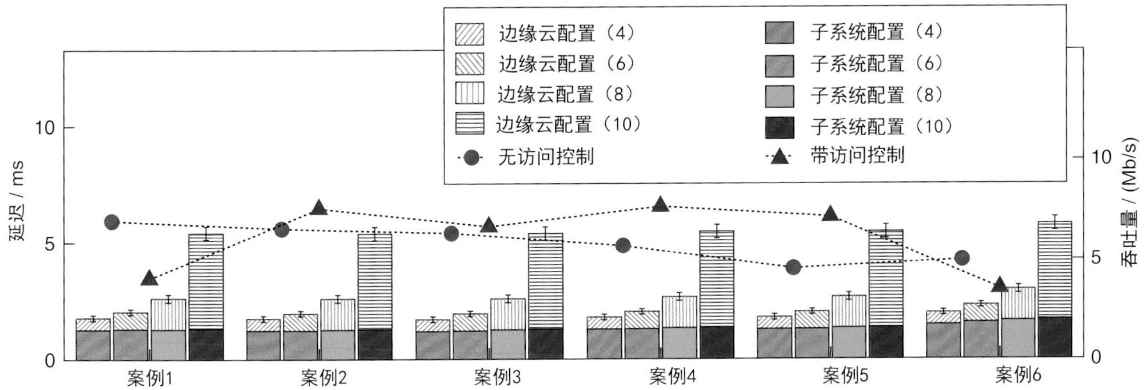

图4　以数据为中心的边缘计算开销。左侧的y轴（柱状图）显示了构建子系统和分组物联网设备的开销，而右侧的y轴（线条图）显示了SDN控制器执行安全策略的吞吐量（置信区间为95%）

控制器的吞吐量，以衡量其执行所提议的安全策略的能力。具体地说，我们使用SDN控制器来监控物联网中心应用程序和模拟物联网设备之间交换的负载更改命令，并限制网络数据包的数量，以确保传递的命令不会造成物理损害。我们比较了SDN控制器在使用和不使用安全策略的情况下的性能（95%的置信区间）。

吞吐量从4 Mb/s到7.5 Mb/s不等。通过测量实施安全策略的代码块的运行时间，我们预计启用安全策略将使SDN控制器和交换机之间的往返时间增加大约5～10ms，从而进一步降低吞吐量。但是，这种影响不如网络拥塞造成的问题严重，因为我们大量使用了实验室中的可用网络带宽，并且吞吐量随时间和不同评估案例的不同而变化很大。通过详细分析网络痕迹，我们确定一定数量的网络数据包重新传输导致了很大一部分差异。即使在如此繁忙的网络条件下，我们也可以获得至少4Mb/s的吞吐量。

在本文中，我们为电网中的物联网设备设计了一个以数据为中心的边缘计算基础设施。通过为边缘服务器配备不同子系统中的电网知识，我们可以使用安全策略来增强提议的基础设施，以防御基于物联网的攻击，例如，通过过滤泄露的测量和限制攻击者的活动范围。初步评估结果显示，边缘服务器可以在运行时高效地处理物理数据和处理网络流量。在未来的工作中，我们将设计和实现以数据为中心的边缘计算安全策略，并评估它们在不同物联网攻击下的性能。

参考文献

[1] S. Muyeen and R. Saifur, *Communication, Control and Security Challenges for the Smart Grid*. London: IET, 2017.

[2] S. Soltan, P. Mittal, and H. V. Poor, “BlackIoT: IoT botnet of high wattage devices can disrupt the power grid,” in *Proc. 27th USENIX Security Symp.*, 2018, pp. 15–32. doi: 10.5555/3277203.3277206.

[3] K. K. Yap et al., “Taking the edge off with espresso: Scale, reliability and programmability for global Internet peering,” in *Proc. Conf. ACM Special Interest Group on Data Communication*, 2017, pp. 432–445. doi: 10.1145/3098822.3098854.

[4] D. Puthal, M. S. Obaidat, P. Nanda, M. Prasad, S. P. Mohanty, and A. Y. Zomaya, “Secure and sustainable load balancing of edge data centers in fog computing,” *IEEE Commun. Mag.*, vol. 56, no. 5, pp. 60–65, 2018. doi: 10.1109/MCOM.2018.1700795.

[5] B. Huang, A. A. Cardenas, and R. Baldick, “Not everything is dark and gloomy: Power grid protections against IoT demand attacks,” in *Proc. USENIX Security Symp.*, 2019, pp. 1115–1132.

[6] S. Soltan, P. Mittal, and H. V. Poor, “Protecting the grid against MAD attacks,” *IEEE Trans. Netw. Sci. Eng.*, to be published. doi: 10.1109/ TNSE.2019.2922131.

关于作者

Bibek Shrestha 内华达大学里诺分校计算机科学与工程系博士。研究兴趣包括网络安全、物联网、高性能计算和类似主题。获得尼泊尔基特里布文大学计算机工程学士学位。联系方式：bibek.shrestha@nevada.unr.edu。

Hui Lin 内华达大学里诺分校计算机科学与工程系助理教授。研究兴趣包括网络安全、入侵检测系统以及电力系统等网络物理系统中的软件定义网络。在伊利诺伊大学香槟分校获得电气和计算机工程博士学位。IEEE成员。联系方式：hlin2@unr.edu。

[7] Z. B. Celik, G. Tan, and P. D. McDaniel. "IoTGuard dynamic enforcement of security and safety policy in commodity IoT," in *Proc. Network and Distributed System Security Symp. (NDSS)*, 2019, pp. 1–15. doi: 10.14722/ndss.2019.23326.

[8] W. He et al., "Rethinking access control and authentication for the home Internet of Things (IoT)," in *Proc. 27th USENIX Conf. Security Symp.*, 2018, pp. 255–272. doi: 10.5555/3277203.3277223.

[9] F. Okay and S. Ozdemir, "A fog computing based smart grid model," in *Proc. Int. Symp. Networks, Computers and Communications (ISNCC)*, 2016, pp.1–6. doi: 10.1109/ISNCC.2016.7746062.

[10] Y. Yan and W. Su, "A fog computing solution for advanced metering infrastructure," in *Proc. IEEE/PES Transmission and Distribution Conf. and Exposition (T&D)*, 2016, pp.1–4. doi: 10.1109/TDC.2016.7519890.

[11] M. Faruque and K. Vatanparvar, "Energy management-as-a-service over fog computing platform," *IEEE Internet Things J.*, vol. 3, no. 2, pp. 161–169, 2016. doi: 10.1109/JIOT.2015.2471260.

[12] Y. C. Hu, M. Patel, D. Sabella, N. Sprecher, and V. Young, "Mobile edge computing: A key technology towards 5G," ETSI, Sophia Antipolis, France, White Paper, 2015, pp. 1–16.

[13] J. A. Aguado, C. Perez-Molina, and V. H. Quintana, "Decentralised power system state estimation: A decomposition-coordination approach," in *Proc. Porto Power Tech*, 2001, p. 6. doi: 10.1109/ PTC.2001.964927.

[14] R. Lasseter et al., "Integration of distributed energy resources: The CERTS Microgrid concept," Consortium for Electric Reliability Technology Solution, Berkeley, CA, LBNL-50829, 2002.

[15] W. J. Ma, J. Wang, V. Gupta, and C. Chen, "Distributed energy management for networked microgrids using online ADMM with regret," *IEEE Trans. Smart Grid*, vol. 9, no. 2, pp. 847–856, 2016. doi: 10.1109/TSG.2016.2569604.

[16] H. Lin, H. Alemzadeh, D. Chen, Z. Kalbarczyk, and R. K. Iyer, "Safety-critical cyber-physical attacks: Analysis, detection, and mitigation," in *Proc. Symp. and Bootcamp on the Science of Security*, 2016, pp. 82–89. doi: 10.1145/2898375.2898391.

[17] Y. Liu, P. Ning, and M. K. Reiter, "False data injection attacks against state estimation in electric power grids," *ACM Trans. Inf. Syst. Security*, vol. 14, no. 1, p. 13, 2011. doi: 10.1145/1952982.1952995.

[18] M. A. Rahman, E. Al-Shaer, and R. B. Bobba, "Moving target defense for hardening the security of the power system state estimation," in *Proc. ACM Workshop on Moving Target Defense*, 2014, pp. 59–68. doi: 10.1145/2663474.2663482.

[19] S. Knight, H. X. Nguyen, N. Falkner, R. Bowden, and M. Roughan, "The Internet Topology Zoo," *IEEE J. Sel. Areas Commun.*, vol. 29, no. 9, pp. 1765–1775, 2011. doi: 10.1109/JSAC.2011.111002.

[20] R. D. Zimmerman, C. E. Murillo-Sánchez, and R. J. Thomas, "MATPOWER: Steady-state operations, planning, and analysis tools for power systems research and education," *IEEE Trans. Power Syst.*, vol. 26, no. 1, pp. 12–19, 2011. doi: 10.1109/ TPWRS.2010.2051168.

（本文内容来自 Computer, May. 2020） **Computer**

通过物联网设备攻击电力市场

文 | Carlos Barreto, Himanshu Neema, Xenofon Koutsoukos 范德堡大学
译 | 程浩然

智能家电或物联网设备可以自主参与电力市场并提高电网效率，但它们的远程访问与控制能力也引入了漏洞。我们将展示攻击者如何操纵市场出清价格，并提出纠正这种影响的缓解策略。

电网正在经历现代化变革，以提高其效率、复原能力与可靠性。变革过程中产生的一些创新，如交互式能源（TE），其重点是提高用户的参与度。TE是一种分布式管理方法，在TE中智能电器或物联网（IoT）设备可以自主地参与电力市场。因此，智能电器可以调整它们的需求，以减少系统压力并支持可再生资源的整合。然而，物联网设备的引入也给电网带来了新的漏洞。

电力系统安全的研究主要集中在公用事业的网络风险上，例如，针对发电机和变电站等关键部件的攻击[1,2]。实际上，一些黑客组织已经将企业网络作为目标来访问关键设备。例如，在2015年，乌克兰的公用事业公司遭受了一次网络攻击，其控制网络被暴露出来，并允许外部访问运行断路器的工作站[3]。

迄今为止，电力系统所经历的攻击影响都相对有限（例如，对乌克兰的攻击持续了6个小时，并没有破坏其关键部件），这表明破坏控制网络并造成长期损害存在巨大挑战。出于这个原因，攻击者可以设计出针对物联网设备等不太安全的元素的攻击。

> 攻击者可以设计出针对物联网设备等不太安全的元素的攻击

来自易受攻击的客户方设备的网络风险在某些方面与电力公司的网络风险不同。首先，攻击者可以破坏大量的物联网设备，而不是针对关键部件。虽然这些设备单独不构成威胁，但它们的协调行动可以造成重大干扰[4, 5]。其次，公用事业不能直接解决这些脆弱性，因为这些设备属于第三方（客户）。

其他风险来自于为了寻求个人利益而不是对系统造成伤害的攻击者。一些研究表明，代理人可以通过利用市场基础设施的漏洞来获利，例如，篡改传感器的测量值或公用事业部门发送的价格信号[6, 7]。

在这篇文章中，我们分析了不安全的物联网可能给 TE 带来的网络风险。具体来说，我们展示了攻击者（或卖家）如何通过操纵智能应用的出价来获利。我们将攻击者的目标表达为最初提交给市场的出价的函数。因此，攻击者可以通过所谓的虚假数据注入攻击实现其理想目标。我们还提出了一种防御策略，可以修改一些出价以减轻攻击的影响[8]。我们在现实的分发系统上验证了攻击模型和防御策略。为此，我们开发了一个工作台，扩展了GridLAB-D，以评估电网应对网络和物理攻击的能力[9]。

电力系统

电力系统有三个主要子系统：发电、输电和配电。发电系统包括电力来源，如水力或火力发电机，通常分布在大的地理区域。输电和配电系统将发电机和用户连接起来，但在几个关键方面有所不同：输电系统利用高压输电线路将能量传送到很远的地方，而配电系统则负责降低电压，将能量直接输送给用户。在这部分中，我们将描述电力系统的运作方式，并强调提高其效率和可靠性的创新。

电力市场

电力系统试图以有效的方式分配资源（能源和资本），也就是说，创造最高的社会满意度。对于这项任务，电力系统使用市场机制，如拍卖。拍卖首先收集出价，这些出价说明代理人对这项交易的认同。在这里，我们分别考虑买方和发电商的边际价值和边际成本函数。因此，每个投标都提供了关于每个代理人从交易中获得的利益的信息。在第二阶段，拍卖者确定市场均衡，也就是使系统效率最大化的交易。许多电力市场使用一个单纯的价格进行能源交易，称为市场清算价格，以平衡需求和供应。

电力市场通常使用所谓的社会福利，即所有参与者的总利益，作为其效率的衡量标准。一些著名的经济学成果表明，竞争性市场会激励有效调度（使社会福利最大化的操作），因为发电商必须以接近其边际成本的价格提供能源。因此，需求是以最低的成本得到满足的。在我们的分析中，我们考虑了一个理想的市场，在这个市场中，代理人不能通过修改自己的出价来获得更好的利润（换句话说，行使市场权力）。然而，我们将展示攻击者如何通过修改其他人的出价而获利。

电力系统通常使用两个市场：提前一天市场（DAM）和实时市场（RTM）。DAM在规划电力系统的未来运行中起着关键作用。特别是，DAM接受未来一段时间（如第二天）的供应或需求出价，并提出买家和卖家必须履行的承诺。通过这种方式，发电商可以提前对其运行进行预案。

RTM是对DAM的补充，它纠正了实际运行中需求和发电之间的不平衡。例如，如果一个卖家不能提供合同规定的能源，系统运营商必须从参与RTM的其他卖家那里购买能源。同样，如果买方使用更多（或更少）的能源，那么系统运营者就会在RTM中购买（或出售）能源。一般来说，RTM接受供应或需求的投标，以纠正下一小时内DAM承诺的偏差。

电力系统的运行有几个限制。例如，系统的组件可以产生或携带有限的电力，并在特定的电压和频率

（如50Hz或60Hz）下运行。电网需要在发电和需求之间取得平衡，以维持频率在可接受的水平。然而，这是一项艰巨的任务，因为需求和发电量会随着外部因素（如天气或系统故障）的变化而变化。由于这些原因，电力市场需要一个中央机构来监控系统并执行可靠的分配，换句话说，符合系统的物理限制的分配。

一般来说，独立的系统运营商（ISO）管理DAM和RTM，并保持短期系统的可靠性。寻找最有效的操作，同时避免违反物理约束的过程被称为经济调度。ISO监控电网的运行，并通过监督控制和数据采集（SCADA）系统执行控制行动（如调整发电商的生产或连接或断开负载）。

TE

一般来说，客户不直接参与市场（投标），他们以固定价格从电力公司购买电力。通过这种方式，客户将一些复杂的任务委托给第三方，如决定出价，遵循ISO的指令（如调节消费），并对发电商进行补偿。结果是，客户脱离了市场活动，导致了低效的运作。例如，无视电价的客户错过了在高价时期通过减少能源消耗来降低成本的机会。

电网正在经历一个现代化变革，它加强了对用户的协调，以避免低效的结果，支持可再生资源的整合。一般来说，协调用户的机制，也被称为需求管理系统，它使用经济激励来塑造用户需求。例如，直接负载控制程序对在系统压力下关闭其负载的用户进行补偿。其他方案，如实时定价、使用时间和临界峰值定价，是以设计价格的方式来诱导消费的变化，如减少需求峰值[10]。

TE是一种分布式管理方法，用户通过交易能源和类似的辅助服务参与市场[11]。与其他需求管理系统不同，TE在供应商和客户之间实行双向交流。这种方法减少了负载的不确定性，因为参与市场的客户透露了他们未来消费的信息。

TE依靠交易型控制器在市场上投标，并根据市场动态和业主的偏好来调节电器的需求。例如，交易型控制器可以通过在价格较低时打开空调系统（以热能形式储存能量）来为高需求（和高价格）时期做好准备。通过这种方式，用户可以以一定程度的不适（偏离所需温度）为代价来降低成本。

电力系统的脆弱性

近年来，一些复杂的网络攻击利用SCADA系统的漏洞，影响了关键基础设施的运行。2015年，乌克兰遭受了第一次被证实的旨在导致停电的网络攻击[3]。攻击者首先侵入了一些电力公司的公司网络，然后继续窃取访问公司SCADA网络的凭证。攻击者随后入侵了操作员的工作站，使他们能够手动打开断路器。乌克兰在2016年遭受了第二次攻击，但这一次，攻击者使用一种名为"崩溃覆盖"的恶意软件自动采取行动。这种恶意软件自动定位控制设备，并发送命令以打开和关闭电力流。

Thales和Verint[12]发现有24个团体瞄准了106个国家的能源部门。然而，尽管存在大量技术娴熟和具备动机的攻击者，但只有两个团体造成了信息结构故障：Stuxnet恶意软件的作者Equation集团和对乌克兰停电表示负责的Sandworm团队[13]。

针对电力系统的成功攻击的数量很少，这表明在破坏SCADA网络方面存在重大挑战。此外，电网对故障是有弹性的[5]。因此，到目前为止所看到的攻击的影响相对有限（例如，对乌克兰的攻击持续了6个小时，没有破坏关键部件）。然而，攻击者可以利用其他电力系统的漏洞。

市场基础设施的现代化和物联网设备的引入给电网带来了新的威胁（见Stellios等[14]对物联网所带来的攻击进行的调查）。正如Soltan等[4]所解释的那样，攻击者可以利用物联网的漏洞来攻击用户侧的组件，如智能电表、电器、最终用户的发电系统（太阳能电池板）和电动汽车。

对用户侧设备的威胁在某些方面与对SCADA系统的威胁不同。首先，攻击者可以利用其安全漏洞来破坏大量物联网设备，而不是像针对乌克兰的攻击那样，针对关键部件。虽然物联网设备单独不构成威胁，但它们的联合行动可以制造重大的混乱，类似于Mirai僵尸网络，它利用物联网设备发起前所未有的分布式拒绝服务攻击[15]。其次，公用事业部门不能直接解决这些威胁，例如，通过保护设备，因为它们属于第三方（客户）。

攻击模式

我们考虑一个利用TE技术来改变市场均衡和利润的攻击者。在这种情况下，首先，攻击者必须防止损害其自身资产的操作。其次，成功的攻击必须保持足够长的时间不被发现以产生利润，换句话说，要保证收益超过攻击的成本。为简单起见，我们假设攻击者解决了上述问题，调节其攻击，使之与典型的系统运行产生小的偏差。

我们认为攻击是改变经济调度中解决的优化问题的一种方式。具体来说，攻击者设计其攻击，使经济调度最大化所谓的有偏福利函数。与社会福利函数不同的是，它对所有代理人给予同等的权重，而攻击者的效率指标则偏向于自己。因此，经济调度会选择优先考虑攻击者利益的均衡。在这种情况下，攻击者可以通过选择有偏福利函数的权重来调节攻击的影响（更多细节见Barreto和Koutsoukos的文献[8]）。

回顾一下，最佳平衡点是社会福利最大化，这取决于代理人提交的出价。这意味着对出价的攻击可以改变市场的均衡状态。然而，正如前面所讨论的，攻击者只改变自己的出价是得不到任何好处的。出于这个原因，攻击者对智能应用进行妥协，以改变他们的出价，从而使经济调度最大化有偏福利函数。

我们利用市场的均衡条件，找到对投标的最佳虚假数据注入攻击。在这种情况下，攻击提高了买方的出价，表示对能源有更高的支付意愿。特别是，最佳攻击修改了原始出价，增加了一个与市场清算价格和攻击的影响（攻击者在有偏社会福利中的额外权重）成比例的条款。粗略地说，攻击者需要市场清算价格来调节攻击的影响，然而，这种信息在攻击的时刻是未知的。出于这个原因，我们使用前一时期的清算价格对攻击进行近似计算（我们假设在连续的时间段内，价格不会发生重大变化）。这样一来，攻击者就能根据系统的状态动态地调整其攻击[8]。

图1说明了存在攻击的市场的运作情况。首先，买家和卖家向国际标准化组织提交他们的出价（即需求和报价曲线），然而，攻击者在其方便的情况下修改了买家的出价。然后，每隔几分钟，ISO测量系统状态（当前负载），并根据收到的出价计算出市场均衡（资源的最佳分配和价格）。一个小时的时间结束后，ISO会计算出参与市场的每个代理的付款（结算）。

这种攻击策略有几个优点：第一，攻击者可以否认对攻击的责任，因为很难确定网络攻击者身份；第二，影响小的攻击可以避免被发现，也可以预先排除可能损害攻击者资产的系统故障；第三，与其他针对传感器的攻击不同[7]，该攻击不需要关于电力系统

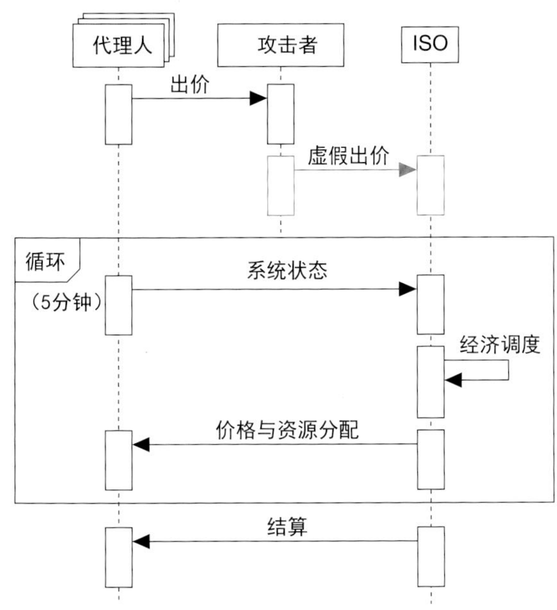

图1　受到攻击的RTM的运作

物理结构的详细信息（如电网的拓扑结构），因为经济调度已经考虑到了这些信息，以找到最佳操作；第四，攻击者既不需要进入公司网络，也不需要破坏安全性能良好的关键要素。

补救措施

针对投标的虚假数据注入攻击是很难处理的。网络安全机制可能会失败，因为允许远程访问和控制的物联网设备通常安全措施不佳。尽管安全通信（如加密）可以保护信息（即投标）的完整性，但攻击者仍然可以攻击提交投标的交易控制器。此外，出价的合法性也很难去评估，因为它们作为对外部因素（如温度或用户的需求）的反应是动态变化的。因此，系统运营商可能无法识别异常情况。

由于网络攻击是无法预防的，我们提出了一个策略来减轻其影响。具体来说，我们删除一些提供最高价格的投标，以示对能源的低需求。缓解策略降低了市场清算价格，以补偿被破坏的出价的影响。拍卖者需要一些有关攻击的信息来选择要放弃的适当数量的出价。换句话说，ISO必须估计攻击的影响来设计纠正措施。

我们假设拍卖者无法识别被破坏的投标，并忽略其原始价值；假设标准化组织有关于投标的历史数据，并且它可以确定被攻击设备的比例（如通过审计）。有了这些信息，我们可以估计攻击的影响，也就是平衡量（交易的总能量）的预期增量。在估计中，我们假设最坏的情况，因为我们忽略了对每个投标的精确攻击。然后，ISO选择放弃的投标数量来纠正攻击的影响。

验证TE模型

由于电网基础设施的复杂性和客户行为的不确定性，TE模型的验证面临一些挑战。尽管电力系统和市场的理论有很强的理论背景，但很难评估有许多不同组件的系统的性能。出于这个原因，有必要依靠详细的电力系统仿真器。

我们使用GridLAB-D [16] 来模拟交互式控制器的运行，因为它包含考虑到不同因素（如能源价格、天气和客户偏好）的详细模型。此外，Grid-LAB-D已经被用来估计定价方案的影响，也被用来开发AEP Ohio gridSMART示范项目的交互式控制系统[17]。

我们开发了一个工作台，对GridLAB-D进行了扩展，以评估电网对网络和物理攻击的恢复能力[9, 18]。对于每个攻击场景，我们根据攻击策略安排事件来修改对象的属性。在我们的案例中，我们创建了修改智能电器的投标的事件。由于我们通过工作台来定义攻击，因此没有必要在GridLAB-D中修改或创建模块。

市场模式

在一个理想的市场中，参与者对他们的供应或需求函数进行投标，然而，在实践中，市场限制了投标的形式。例如，一些市场假设成本函数是二次函数，并允许投标人选择一些系数[19]。同样，Grid-LAB-D使用一个简化的市场模型，该模型接受由两个数量描述的分段线性函数：消费或生产能源的最大能力和接受（或收取）的单价。拍卖模式限制了攻击者的策略，因为它不能发送一个任意的函数。尽管如此，攻击者仍然可以实施一个近乎最优的攻击。

交易控制者会在竞标中报告他们的当前状态。特别是，控制器选择其设备的当前需求作为投标的数量，这与未来的需求相近。投标的价格是对维持当前需求所需价格的估计。此外，GridLAB-D假设无响应的负载出价为市场上允许的最高价格。

实验结果

我们使用太平洋西北国家实验室提供的原型馈线R1-12.47-2[20]，它代表一个中等人口的地区。我们的配电模型有570个商业和住宅负载，这些负载又包含了诸如供暖、通风和空调（HVAC）系统、热水器和游泳池泵等电器。此外，我们模拟了田纳西州纳什维尔夏季的天气。市场结构的细节可参见Neema等的文章[9]。

攻击的影响

图 2 显示了攻击前后市场均衡的示例。市场均衡与需求曲线和报价曲线的交点相对应，这保证了总需求等于总产量。报价曲线对应的是边际成本，而需求曲线对应的是边际价值。在这个例子中，攻击者破坏了80%的HVAC系统，并设法提高价格和总的能源交易量。

图3显示了作为攻击强度函数的攻击的经济影响，即有偏福利函数中使用的权重(λ)。可以看到，卖方有

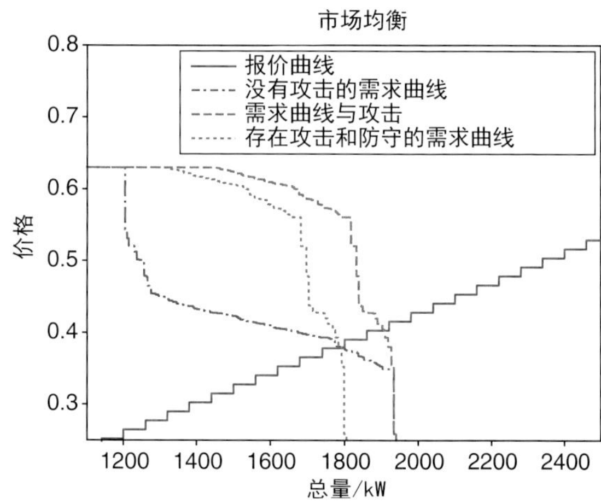

图2 攻击增加了平衡点的价格和总量（报价和需求曲线的交叉部分）。防御方案移动了需求曲线，补偿了攻击的影响

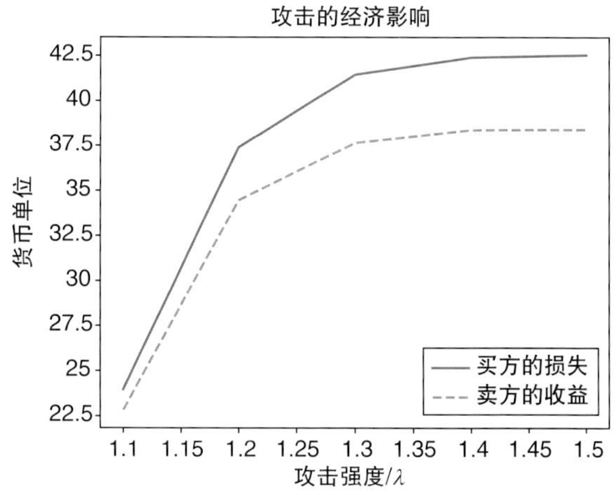

图3 以攻击强度λ的函数对客户和卖家的经济影响，客户的损失超过卖方的收益

正的收益，随着攻击强度的增加而增加；然而，对客户的损害也超过了攻击者的利润。正如预期的那样，攻击损害了社会福利，因为攻击者只能通过给其他代理人造成损失而获益。此外，攻击者经历了边际收益的递减，也就是说，攻击的边际收益随着攻击强度的增加而减少。

防御的有效性

图2显示了一个采用所提出的防御方案的市场均衡的例子（我们假设ISO知道承诺的设备的精确比

例）。这个例子说明，我们的防御方案将需求曲线向左移动，以补偿攻击者的行动。现在，让我们评估一下估计错误对防御方案效率的影响。图4显示了当缓解策略在估计被破坏的设备数量方面存在错误时的社会福利损失。我们发现，防御方案不能完全阻止攻击的破坏，其功效随着攻击者的资源（被攻击的设备数量）的减少而减少。当估算值超过实际值时，防御措施的性能最差，因为在这些情况下，所有的竞标者都会产生损失。相反，最好的性能发生在低估的情况下。

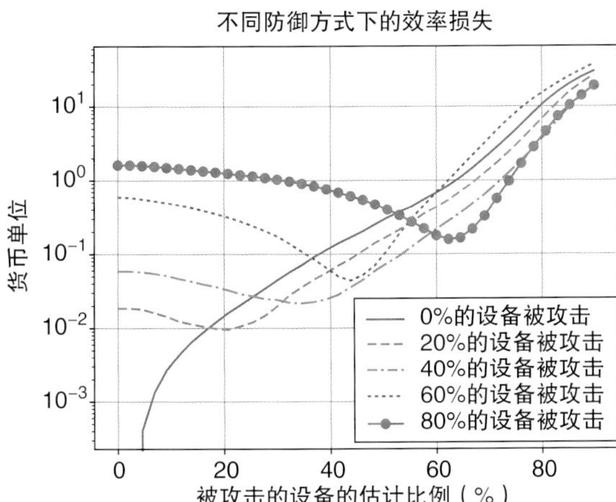

图4　防御方案对不同错误的效果，其估计设备被攻击的比例。该防御方案在低估的情况下有最好的表现，但其功效随着攻击者的资源（被攻击的设备数量）减少而减少

这项研究表明，攻击者如何通过损害电力市场的客户设备（如交易型控制器）而获利。具体来说，攻击者设计了一个针对投标的虚假数据伤害攻击，以改变市场的平衡，使之对其有利。我们提出了一个缓解策略，即放弃一些投标以纠正攻击的影响。这个策略需要一些关于攻击的信息（如被攻击的设备数量）来选择适当数量的竞价来放弃。在这篇文章中，我们观察到最好的性能发生在低估的情况下。我们在GridLAB-D中模拟的配电系统上验证了我们的攻击模型和防御。我们设计了一些工具来扩展Grid-LAB-D，并促进电网对攻击（包括网络和物理）的弹性分析。

参考文献

[1] S. Hasan, A. Dubey, G. Karsai, and X. Koutsoukos, “A game-theoretic approach for power systems defense against dynamic cyber-attacks,” *Int. J. Electr. Power Energ. Syst.*, vol. 115, p. 105432, 2020. doi: 10.1016/ j.ijepes.2019.105432.

[2] G. Liang, J. Zhao, F. Luo, S. R. Weller, and Z. Y. Dong, “A review of false data injection attacks against modern power systems,” *IEEE Trans. Smart Grid*, vol. 8, no. 4, pp. 1630–1638, July 2017. doi: 10.1109/ TSG.2015.2495133.

[3] K. Zetter, “Inside the cunning, unprecedented hack of Ukraine’s power grid,” *WIRED Magazine*, Mar. 2016. [Online]. Available: http://www.wired.com/2016/03/ inside-cunning-unprecedented- hack-ukraines-power-grid/

[4] S. Soltan, P. Mittal, and H. V. Poor, “BlackIoT: IoT botnet of high wattage devices can disrupt the power grid,” in *Proc. 27th USENIX Security Symp. (USENIX Security 18)*, Baltimore, 2018, pp. 15–32.

[5] B. Huang, A. A. Cardenas, and R. Baldick, “Not everything is dark and gloomy: Power grid protections against IoT demand attacks,” in *Proc. 28th USENIX Security Symp. (USENIX Security 19)*, Santa Clara, CA, Aug. 2019, pp. 1115–1132.

[6] C. Barreto and A. Cardenas, “Impact of the market infrastructure on the security of smart grids,” *IEEE Trans. Ind. Informat.*, vol. 15, no. 7,pp. 4342–4351, 2019. doi: 10.1109/ TII.2018.2886292.

[7] L. Xie, Y. Mo, and B. Sinopoli, “Integrity data attacks in power market operations,” *IEEE Trans. Smart Grid*, vol. 2, no. 4, pp. 659–666, 2011. doi: 10.1109/ TSG.2011.2161892.

[8] C. Barreto and X. Koutsoukos, “Attacks on electricity markets,” in *Proc. 57th Annu. Allerton Conf. Communication, Control, and Computing (Allerton)*, Sept. 2019, pp. 705–711.

关于作者

Carlos Barreto 范德堡大学博士后。研究兴趣包括网络物理系统的安全性和弹性、风险分析，以及安全问题的博弈论分析。在得克萨斯大学达拉斯分校获得计算机科学博士学位。IEEE成员。联系方式：carlos.a.barreto@vanderbilt.edu。

Himanshu Neema 范德堡大学计算机科学研究助理教授。研究兴趣包括异构仿真集成、建模和仿真、云计算、模型集成计算、设计空间探索、人工智能、规划和调度。在范德堡大学获得计算机科学博士学位。联系方式：himanshu.neema@vanderbilt.edu。

Xenofon Koutsoukos 范德堡大学电子工程和计算机科学系教授、软件集成系统研究所高级研究科学家。研究领域是网络物理系统，重点是安全和复原力、控制、诊断和容错、形式化方法和自适应资源管理。在圣母大学获得电气工程博士学位。IEEE会员。联系方式：xenofon.koutsoukos@vanderbilt.edu。

doi: 10.1109/ALLERTON.2019.8919711.

[9] H. Neema, H. Vardhan, C. Barreto, and X. Koutsoukos, "Web-based platform for evaluation of resilient and transactive smart-grids," in *Proc. 7th Workshop on Modeling and Simulation of Cyber-Physical Energy Systems (MSCPES)*, Apr. 2019, pp. 1–6. doi: 10.1109/ MSCPES.2019.8738796.

[10] P. Siano, "Demand response and smart grids: A survey," *Renew. Sustain. Energ. Rev.*, vol. 30, pp. 461–478, Feb. 2014. doi: 10.1016/j.rser.2013.10.022.

[11] K. Kok and S. Widergren, "A society of devices: Integrating intelligent distributed resources with transactive energy," *IEEE Power Energy Mag.*, vol. 14, no. 3, pp. 34–45, May 2016. doi: 10.1109/MPE.2016.2524962.

[12] "The cyberthreat handbook," Verint–Thales, Tech. Rep., 2019. [Online]. Available: https://www.thalesgroup.com/sites/default/files/database/ document/2019-10/Press_kitEN_0.pdf.

[13] A. Greenberg, "How power grid hacks work, and when you should panic," *WIRED Magazine*, Oct. 13, 2017. [Online]. Available: https://www.wired.com/story/ hacking-a-power-grid-in-three-not-so-easy-steps/.

[14] I. Stellios, P. Kotzanikolaou, M. Psarakis, C. Alcaraz, and J. Lopez, "A survey of IoT-enabled cyberattacks: Assessing attack paths to critical infrastructures and services," *IEEE Commun. Surveys Tuts.*, vol. 20, no. 4, pp. 3453–3495, 2018. doi: 10.1109/COMST.2018.2855563.

[15] B. Krebs, "Who is Anna-Senpai, the Mirai Worm author?" *Krebs on Security*, Jan .2017. [Online]. Available: https://krebsonsecurity.com/2017/01/ who-is-anna-senpai-the-mirai-worm-author/.

[16] D. P. Chassin, K. Schneider, and Gerkensmeyer, "GridLAB-D: An open-source power systems modeling and simulation environment," in *Proc. IEEE/PES Transmission and Distribution Conference and Expo.*, 2008, pp. 1–5. doi: 10.1109/ TDC.2008.4517260.

[17] S. E. Widergren et al., "AEP Ohio gridSMART demonstration project real-time pricing demonstration analysis," Pacific Northwest National Lab. (PNNL), Richland, WA, Tech. Rep., 2014. [Online]. Available: https://www.pnnl.gov/main/publications/external/ technical_reports/PNNL-23192.pdf.

[18] "GridLAB-D design studio: In a nutshell," Cyber-Physical Systems Virtual Organization (CPS-VO), 2019 [Online]. Available: https://cps-vo.org/group/gridlabd.

[19] R. Baldick, "Electricity market equilibrium models: The effect of parametrization," *IEEE Trans. Power Syst.*, vol. 17, no. 4, pp. 1170–1176, 2002. doi: 10.1109/ TPWRS.2002.804956.

[20] K. P. Schneider, Y. Chen, D. P. Chassin, R. G. Pratt, D. W. Engel, and S. E. Thompson, "Modern grid initiative distribution taxonomy final report," Pacific Northwest National Lab., Richmond, WA, Tech. Rep., 2008. [Online]. Available: https://www.pnnl.gov/ main/publications/external/techni cal_reports/PNNL-18035.pdf.

（本文内容来自 Computer, May. 2020）**Computer**

科学自主性与 ExoMars 任务：机器学习助力火星生命体的寻找

文 | Victoria Da Poian　SURA CRESST 和 NASA 戈达德太空飞行中心
Eric Lyness　Microtel LLC 和 NASA 戈达德太空飞行中心
William B. Brinckerhoff　NASA 戈达德太空飞行中心
Ryan Danell　Danell 咨询公司
Xiang Li　马里兰大学巴尔的摩分校和 NASA 戈达德太空飞行中心
Melissa Trainer　NASA 戈达德太空飞行中心
译 | 程浩然

我们使用火星有机分子分析仪工程模型数据来开发以质谱分析为重点的机器学习技术。最初的结果显示初步分类可以允许自主操作，例如，对示例数据进行优先级排序，以及对特定示例的返回参数进行决策。

我们研究太阳系的行星和小天体的一个主要任务是通过使用各种传感器和仪器来寻找地球以外的生命。这些任务旨在研究太阳系的演变，帮助我们了解支持定居和潜在生命的行星。这将面临许多挑战，包括必须承受的极端温度和恶劣辐射环境，以及将数据远距离传送回地球。这两种情况都会导致数据量降低。随着人类越来越深入太阳系，数据变得越来越珍贵，而科学和技术上的困难也在加深。目前的任务操作，如火星上的好奇号漫游者，需要使用地面循环工作流程进行人工数据审查和随后的决策，这大大拖慢了进度。此外，这类操作与某些行星的目的地不兼容。

随着行星任务开始访问更具挑战性的地点，科学自主性——仪器能够调整、操作、分析和指导自己的能力，以优化它们提供的回报的能力——变得必要起来。最近的发展已经证明了机器人探测器在行星探索和其他极端环境中的巨大潜力。我们认为，科学自主性有可能与机器人自主性（如自动导航的漫游车）一样，对提高这些任务的科学潜力非常重要，因为它直接优化了返回的数据。机载科学数据的处理、解释和反应以及遥测的优先权构成了任务设计的新的关键挑战。

质谱仪作为对行星体进行现场调查的任务有效载荷仪器，有着悠久而成功的历史[1]。质谱仪可用于轨道飞行器进行大气测量，也可用于着陆器进行表面样本测量。它们已经在20多次任务中被携带，目的地包括月球、水星、金星、火星、木星、土星、土卫六和一些彗星。更复杂、更精确的仪器的发展会导致数据量大幅增加（表1）。为了解决这个问题，NASA 预计在接下来的 30 年中，每十年将深空通信带宽扩大 10 倍（根据喷气推进实验室办公室首席技术专家的说法）。然而，质谱仪原始数据的增长有可能超过这一速度，可能每十年增加 100 倍或更多。

表1　质谱仪的发展及其数据模型

类型	任务	发射时间	样例数/秒
四级场	火星科学实验室	2012	50
离子阱	ExoMars	2020	50 000
静电场轨道阱	未来任务	未定	5000 000

我们设想的仪器可以通过现场分析科学数据来最大限度地发挥每一个比特的价值，这样它们就可以自我矫正和调节，在没有地面参与的情况下选择下一个要运行的操作，并且只将最有用的信息传回地球。在这篇文章中，我们提出了实现这一愿景的第一步：使用机器学习（ML）的方法来分析来自火星有机分子分析仪（MOMA）的科学数据，该仪器将于2023年装载在火星外生物（ExoMars）任务中的罗莎琳德-富兰克林（Rosalind Franklin）火星车上。我们使用从MOMA类飞行工程模型中收集的数据来开发以质谱分析为重点的ML技术。我们首先应用无监督算法，根据固有的模式对输入数据进行聚类，并将大量的信息划分到聚类中。为MOMA的科学目标设计的优化分类算法将提供关于样本可能的内容的信息。这将有助于科学家进行有关后续操作的分析和决策过程。

行星探索任务的ML策略

长期目标：探索任务的科学自主性

我们试图通过科学决策的自动化，利用数据科学（应用科学方法从数据中发现洞察力）和ML（通过将数据与以前的经验中的模式/群组相匹配而训练的数学算法）来优化任务操作和数据传输效率。科学自主性将使机载操作决策成为可能，它可以被描述为仪器决定如何推进和执行任务以实现目标的能力。科学自主性（与机器人自主性不同）可分为两类：

（1）仪器自动化：仪器自动化将加强数据收集过程，使有关仪器使用的决策（样本选择、实验时间、数据质量评级和某些常规测量的自动化）能够提高现场任务的采样率。这些过程将使设备在涉及空间和地面相互作用的操作场景不可能或受到严重限制的地点开展活动，并将使科学返回值的质量最大化。

（2）数据解释自动化：数据解释自动化将使信息优先化，只把最“有价值的”材料送回地球。由于传输和下行链路对探索性误判来说将更具挑战性，将被送回的特权数据应有助于获得最高的科学回报。下一代仪器的开发应该有一个新的性能指标：传输数据的质量。这种类型的自动化非常复杂，将需要一致的分析方法，因为科学数据的解释是主观的，并且高度特化于仪器和环境，因此需要专业知识。

为了研究太阳系的起源和演变，以及寻找地球以外的生命，许多行星任务都配备了质谱仪。质谱仪通过测量分子量和裂解谱来帮助识别样本中的分子。解释复杂和先验未知样本的质谱是非常具有挑战性的。在实践中，使用与航天兼容的技术，来自行星材料（如岩石）的分子集合的质谱会由大量代表电离碎片和分子种类加合物的峰组成。使用地球上的商业质谱仪的科学家经常受益于基于与已知与应用相关的数千个质谱库的比较而进行的识别。虽然这种库在解释返回的平面信息方面会发挥一些作用，但由于空间任务所需的专门设计，空间仪器往往不能产生直接与标准库可比的数据。此外，寻找生命迹象的太空仪器正试图识别与典型实验室分析相关的不同且可能不熟悉的分子。因此，在某些情况下会没有可用的库数据集。我们的近期目标是帮助ExoMars的科学家进行数据分析和解释，以加强他们在任务操作中的决策过程。

火星、ExoMars和MOMA

在过去的几十年里，有各种前往火星的任务，虽然没有发现生命的证据，但我们现在知道，这个邻近的星球在遥远的过去具有支持生命的所有必要条件（积水、厚重的大气层和有机物质）[2]。火星在某个时刻失去了它的磁场，因此在大约30亿年的时间里，它一直处于太阳辐射的持续轰击之下。它有一个稀薄的大气层（气压为地球的1%），其中96%是二氧化碳，而且在它的地表下已经发现了水。研究表明，如果要找到生命或其残余物，我们应该在地表以下至少2m处寻找[3]。

ExoMars是一个由欧洲航天局与俄罗斯航天局开发的天体生物学项目。ExoMars的目标[4]是寻找火星上过去和现在的生命迹象，调查水和地址化学环境的变化，并检查火星大气中的微量气体及其来源[5]。罗莎琳-富兰克林探测器将携带一枚钻头[6]和一套地质化学研究仪器。其中之一是MOMA[4]，一个双源线性离子阱质谱仪，它将使有机物的分析取得相当大的进展，因为它结合了两种先进技术：激光解吸电离（LDI）和热解气相色谱法。MOMA代表了空间质谱的一个显著进步，因为它是第一个使用激光解吸电离技术，并同时具有探针式质谱和存储波形反傅里叶变换（SWIFT）的设备，后者可以过滤捕获的离子，在较小的质量范围内拥有更好的性能。未来在更远的太阳系任务，如探索土卫六的“蜻蜓”旋翼机，将配备一个类似的设备，即蜻蜓质谱仪[7]。

在火星作业期间，MOMA将使用激光解吸质谱法（LDMS）研究一个样本，将数据返回地球进行分析，并决策和确认将在下一个太阳日（火星日）执行的操作[8]。它将有可能在样本上运行额外的实验：可选择调整参数（包括重新定位激光分析点和运行串联质谱仪以及SWIFT）；继续使用自己的选择和参数进行气相色谱-质谱仪（GCMS）分析；等待检查由漫游者的钻头交付的新样本。这种战术性的科学计划过程是具有挑战性的：团队将只有24~48小时来决定如何进一步研究一个样本。任何能够使分析更有效的方法都是有益的。科学家们将需要能够从新数据中快速提取感兴趣的信息的技术，以专注于解释和战术计划的突出特征。利用与 MOMA 最相关的不断发展的质谱知识体系的 ML 技术，有可能在操作期间协助这一有时间限制的决策过程，并作为未来仪器和任务设计的概念证明。

MOMA数据上的ML开发

在这项研究中，我们使用了从NASA戈达德太空

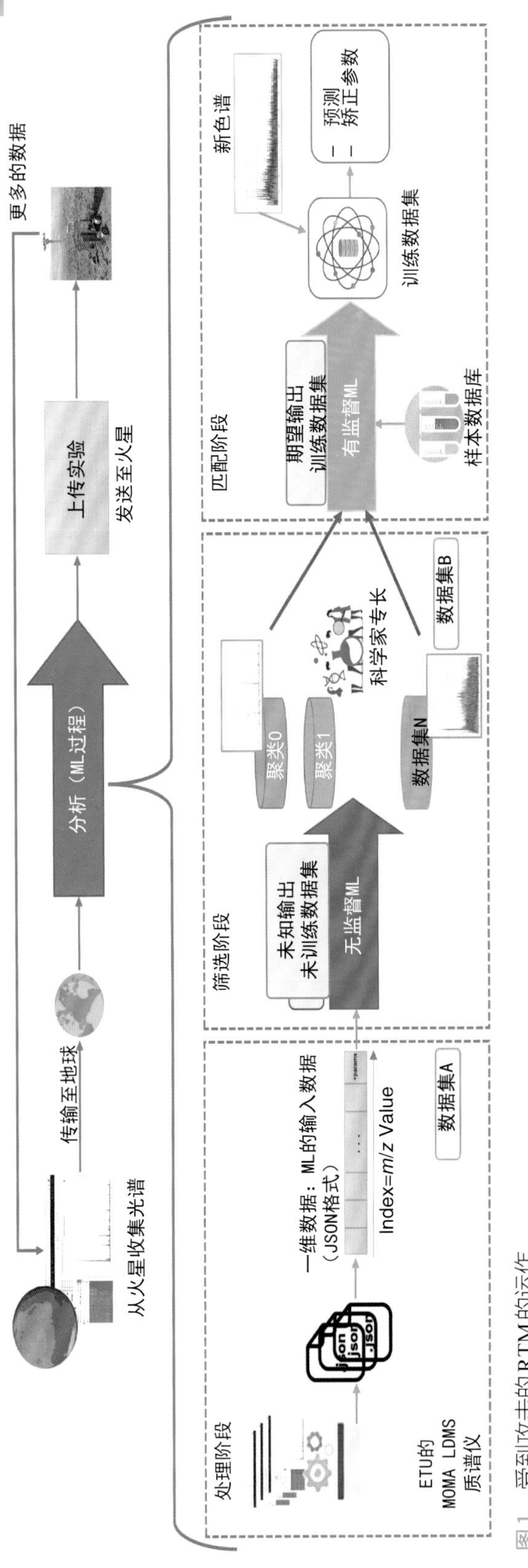

图1　受到攻击的RTM的运作

飞行中心的MOMA工程测试单元（ETU）收集的数据。这个仪器是科学家和工程师用来描述仪器性能的主力工具。在过去的几年里，ETU测试了300多个固体样品，并产生了50多万个LDMS光谱。在这个项目中，我们只研究LDMS数据。在LDMS模式下，激光通过一个取决于激光通量（能量密度）和波长的过程，从固体样品中产生离子。由于没有色谱预分离，与单个（有时间戳的）GCMS光谱相比，LDMS光谱可能相当复杂，因此ML可立即发挥作用。正在开发的算法将从这些数据中学习，以构建可产生分类的通用模型，并在来自火星的新数据中找到对科学家有直接作用的新模式。如图1所示，该项目分为三个主要步骤：数据预处理、筛选（使用无监督算法）和匹配（使用有监督训练）。

数据预处理

与大多数ML项目一样，收集一个连贯的、格式良好的、完整的数据集是第一个挑战。从ETU收集的原始数据是质谱与几个实验参数的结合。图2显示了一个碘化铯样品的几个重叠的质谱图。MOMA维护着每个质谱的详细数据库，并为每个质谱提供元数据。这些元数据对于实现一个有效的ML模型至关重要。数据库中的每个质谱都与一个特殊的样品相关。然而，许多ETU的质谱与工程校准、机械检查和性能测试有关，这对火星模拟样品分类没有用。直接混入这些光谱会使结果产生强烈的偏差，并使有用的ML成为不可能。

简单的预处理算法“Goldilocks”（金发姑娘），可以识别出具有太少或太多信号的质谱，减少了很多扫描量。然而，这仍然不足以剔除来自工程（如机械的和电子的）测试的大量欺骗性光谱。幸运的是，每

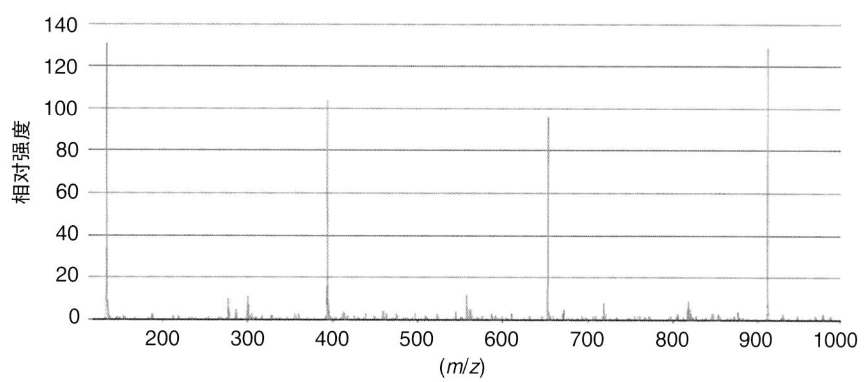

图2　MOMA ETU质谱原始数据

个质谱的元数据都包含一个标记，表明在记录光谱的时候软件的状态。我们确定了表明仪器一致的科学状态的标记，并生成了一个查询，只从这些软件条件下检索光谱。然后将剩下的光谱转化为一维数组，通过索引将信号数据加总为四舍五入的“整数”值，范围从1到2000。选定的实验参数被附加到数组的末端。最后，创建了一个Python字典，将扫描ID映射到它们的索引数组中，并以JavaScript对象简谱（JSON）格式保存，作为ML输入数据使用。在对超过800 000个光谱（LDMS和GCMS）的原始数据集进行了所有的数据进行简化后，预处理阶段提供了一个包含30 000个相关质谱的标准格式的数据集，以便进一步处理。我们称这个数据集为A。

筛选阶段

由于操作错误和非标准的硬件配置，数据集A仍然包含许多“误导”（不适用）的光谱。在筛选阶段，我们试图通过应用Scikit-learn（Python编程语言中的一个ML库）的无监督学习算法来去除这些光谱。这些算法对数据没有任何预知，只是根据模式和相似性将信息分成若干个群组。每个算法都有不同的模式匹配方法和各种输入参数来定义其行为。

一个理想的算法会将感兴趣的数据分成一组聚类，把不适用的数据分成另一组。为了确定哪种算法最接近，我们对数据集A的输入参数阵列进行了逐一测试，结果是一个二维搜索空间。为了找到最佳的分类方法，我们使用了两种方法：数学上的ML性能评估（如Davies-Bouldin和Calinski指数）和基于科学家的主观解释。为了实现第二种方法，我们举办了一系列现场研讨会，使MOMA质谱仪的科学家和数据科学家能够并肩坐在一起，研究不同的聚类算法输出，确定最佳的算法，根据MOMA的目标对扫描结果进行聚类。此外，我们还编写了额外的软件，以方便对聚类算法的输出进行可视化和比较。在这四次研讨会上，科学家的投入和数据科学团队之间的反馈循环过程帮助确定了最有效的算法。图3是一个10个聚类算法输出的例子。筛选阶段的输出是一个由最佳筛选算法收集的聚类的子集。我们称这个数据集为B。

匹配阶段

在第三阶段，我们使用数据集B开发监督学习方法。监督学习从训练数据开始，这些数据被标记为

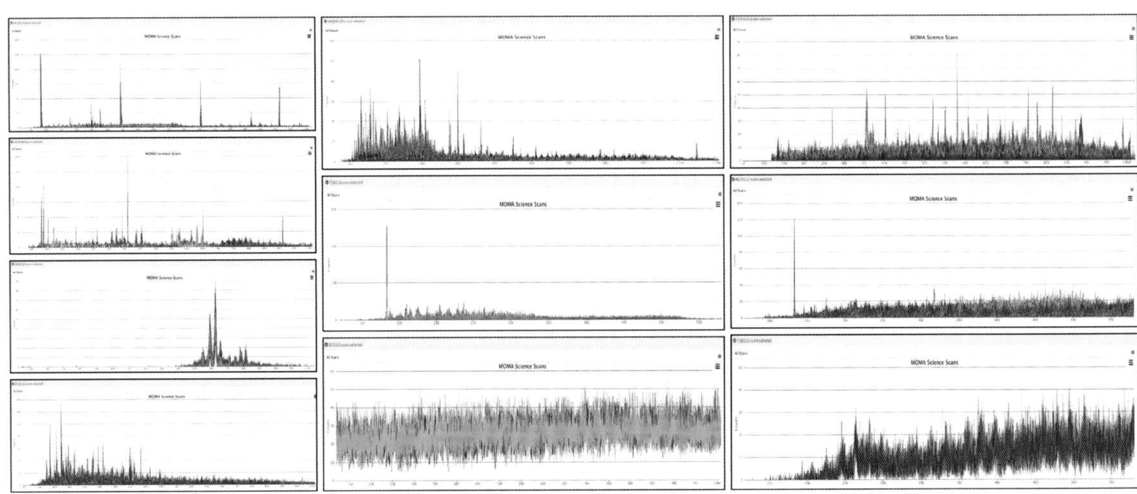

图3 MOMA ETU数据聚类算法的10个聚类输出结果样例

“正确答案”或“目标值”。每个质谱在数据库中都被标记为激光生成它的目标样品的名称。一阶方法是采取新的质谱，并找到经过训练的算法所能识别的最接近的质谱。在火星上的操作中，当查看一个新的光谱时，软件可以提供一个界面，显示数据库中最相似（包括匹配的质量）的样品。

目前在ETU上测试的大约300个火星模拟样品最初并不是用来指导ML方法的。这些样品包括从地球上不同地点收集的岩石，这些岩石在某种程度上与火星上预期的岩石相似，还有用于描述和约束仪器性能的纯化合物和混合物。从ML的角度来看，这是一个有点不稳定的数据集，限制了方法的实用性。选择一组样本来专门训练ML算法的科学目标是一个额外的研究课题，未来可能会选择一组新的样本。然而，我们找到了另一个解决方案，以扩大现有数据集的有用性。科学小组审查了样本数据库，并对每个样本进行了预标记，选择了广泛的类别来帮助科学决策。300个样品被归入11个组别，如“纯有机标准”和“加料矿物”。然后可以训练算法来识别类别和特定样本。训练完我们的算法后，一个具有调整过的权重集的模型将能够预测未被标记的类似数据的答案。新的质谱将被送入我们的算法，该算法将返回预测的类别、该类别中的模拟样品和最相似的已知扫描，为科学家提供所有关于产生已知信息的实验的信息（如仪器参数和样品细节）。

几个经典的监督算法被应用于标记的数据集。如图4所示，逻辑回归、K近邻（KNN）、决策树、随机森林、线性判别分析和多层感知器（MLP）在我们的训练和测试集中给出了最准确的结果。在这个概念验证之后，基于MLP分类器（最基本的神经网络（NN）算法）的卓越结果，我们决定以最适合MOMA的科学目标，建立自己的NN。我们正在使用Keras开发NN模型，这是一个用Python编写的开源NN库，结果将在未来的报告中介绍。

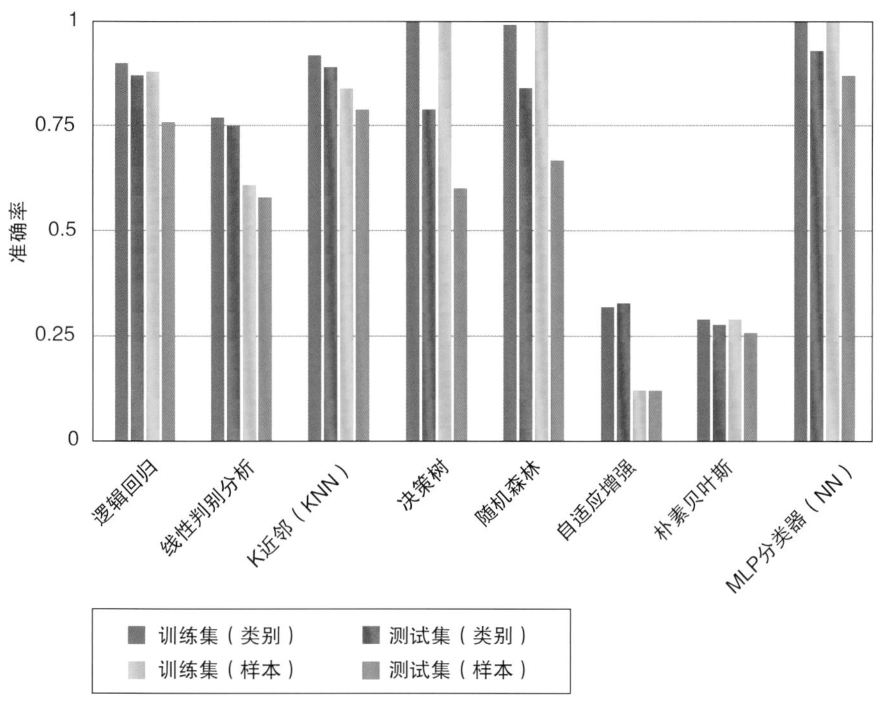

图4　监督学习算法的准确率。NN：神经网络

数据可视化

获取和理解输入数据往往是ML问题中最具挑战性的部分。为了帮助数据的可视化，我们选择了实现统一流形逼近和投影（UMAP）算法[9]。UMAP是一种基于流形学习技术和拓扑数据分析的强大的降维算法。它将高维数据集转化为低维图形，同时保留所有原始信息。尽管它主要用于降维，但UMAP可以通过降维和聚类扩展来支持半监督和监督学习。此外，它不仅提供了结合监督的可能性，而且还可以将未见过的数据添加到现有的嵌入空间中。这一特性使得UMAP可以被用作聚类和分类任务的ML管道的一部分。在监督学习管道中对数据进行标记后，我们用UMAP的无监督和监督模式对数据进行聚类，详见图5。

总结与意义

MOMA ETU数据的前期组织和注释使这个重点项目变得可行。然而，测试的模拟样本集并不是直接应用ML方法的最佳选择。初步了解数据的范围和广泛的类别（如数据类型的异质性）是非常有帮助的。额外的工作将研究真实世界样本集的特征，以帮助ML算法，而不任意限制样本集的行星适用性。由于内在的数据复杂性和专家分析员的主观性和偏见，在质谱分析领域定义集群和类别可能会进一步复杂化，这就给监督过程引入了一条误差线。我们正在研究如何通过采用更多的专家、标准化的专家分配标准，以及纳入更多的无偏见的计算方法来消除主观性。

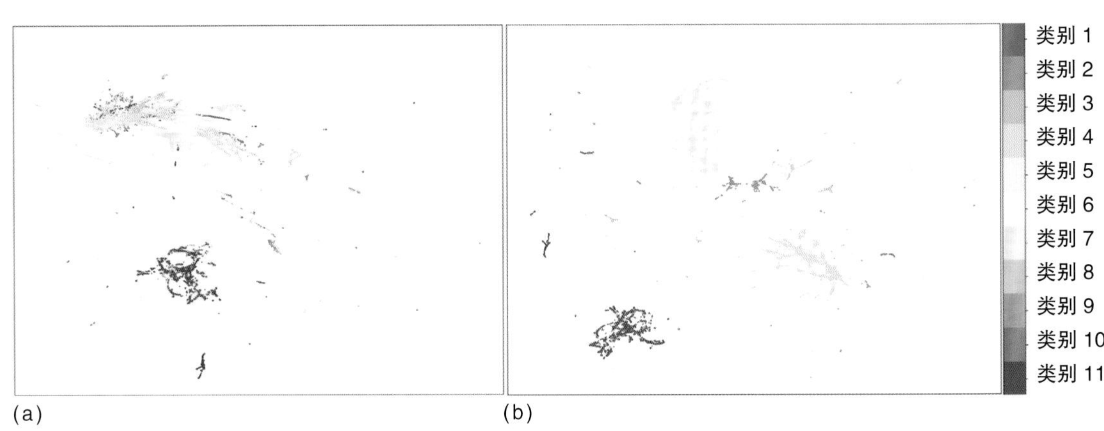

图5 UMAP数据可视化。(a)无监督；(b)半监督

限制和挑战

数据限制

用飞行模拟仪器（如MOMA的ETU）收集的数据量对于典型的ML算法来说是不够的。由于项目资源、后勤和样本的可用性有限，以及在硬件运行寿命内需要考虑通常复杂和耗时的样本装载和分析程序，空间模拟和飞行仪器的测试是受到限制的。因此，在这个项目和未来的项目中，开发适当的方法来扩大我们的数据量是至关重要的。

数据合成

一个解决方案是开发数学模型，代表样品电离的物理化学过程，并从产生的离子中生成质谱。然而，这样的模型是非常复杂的。

人工数据

我们正在研究通过使用生成对抗网络（GAN）[10]和变分自动编码器[11]来产生尽可能接近真实仪器数据集的模拟信息的技术。GAN由两个NN组成：生成器网络，通过真实的训练数据集学习模仿实际数据；判别器网络，辨别真实和虚假信息。

商业和飞行仪器

为了克服数据的缺乏，我们可以通过使用迁移学习技术，将来自更多种类的仪器的知识和训练信息结合起来。这个想法是采用不同的仪器（商业和飞行模型）并结合它们的数据集，通过增加信息量来提高我们模型的性能。

在未来任务中的实现

本研究的第一个结果显示，通过筛选阶段实现的初步分类可以允许自主操作，如优先考虑向地球发送哪些数据，以及关于重新调整特定于研究样本的参数的决定。未来的任务和仪器设计应该考虑使用人工智能的众多自主技术的好处。任务设计的相关者（工程师、科学家和任务规划者）可能会选择建立与商业仪器更接近的仪器，以利用庞大的输入数据集，创建额外的地面仪器实例以加强数据收集过程（如MOMA ETU），并为新仪器配备更强大的计算机（CPU）以实现机载ML。为了实现突破性的科学，探索自主性的潜力将是战略性的，也许是必要的。

不仅任务和仪器的设计需要适应ML技术的实施，而且校准数据集必须从一开始就得到明确的定义，以支持有效和准确算法的开发。事实上，仪器科学家必须根据他们的任务目标建立一个明确的样本采集策略，并开展测试活动，同时考虑到样本的适当平衡。在这个项目中，数据科学小组不得不多次对数据进行预处理并重新组织，以消除大量校准和其他不适用数据的偏差。未来的任务和仪器科学家可以以全面的方式收集数据，如果优先考虑此类工作并且可以在校准活动中分配专用时间，则可以进一步进行数据科学分析和实施。

在这篇文章中，我们强调了为未来的探索任务开发科学自主工具的必要性。以地球、其他行星以及深空为目标的太空任务将需要更高的自主性。事实上，通过提高科学返回值的质量和减少空间到地面的决策互动，新的复杂情况将成为可能。我们的团队正在研究数据分析和人工智能技术，包括ML，以支持机载数据分析作为决策系统的输入，该系统将生成计划、更新和行动措施。增加机载自主性将重新分配空间和地面之间的进程，以最大限度地提高在极具挑战性的任务中返回的科学数据的价值。我们使用MOMA的数据来开发最初的ML算法和策略作为概念验证，并设计软件来支持更长期的自主系统的智能操作。我们还计划探索使用NN的不同方法来产生更多的数据。在未来的工作中，我们将研究如何调整我们的NN，以最适合我们的操作和科学目标。长期目标是优化和最小化空间与地面互动的要求，并最大限度地提升未来任务。

致谢

感谢NASA戈达德太空飞行中心的软件团队的贡献和支持，以及MOMA科学团队对MOMA和质谱数据的专业知识。这项研究是在NASA戈达德太空飞行中心进行的，已与NASA签订合约并由MOMA任务资助。

参考文献

[1] R. Arevalo, Z. Ni, and R. M. Danell, “Mass spectrometry and planetary exploration: A brief review and future projection,” *J. Mass Spectrometr.*, vol. 55, no. 1, p. e4454, 2020. doi: 10.1002/jms.4388.

[2] C. Freissinet et al., “Organic molecules in the Sheepbed mudstone, gale crater, mars,” *J. Geophys. Res. Planets*, vol. 120, no. 3, pp. 495–514, 2015. doi: 10.1002/2014JE004737.

[3] A. A. Pavlov, J. Eigenbrode, D. P. Glavin, and M. Floyd, “Rapid degradation of the organic molecules in Martian surface rocks due to exposure to cosmic rays severe implications to the search of the ‘extinct’ life on Mars,” in *Proc. 45th Lunar Planetary Science Conf.*, 2014, p. 2830.

[4] F. Goesmann et al., “The Mars Organic Molecule Analyzer (MOMA) instrument: Characterization of organic material in Martian sediments,” *Int. J. Astrobiol.*, vol. 17, nos. 6–7, pp. 655–685, 2017. doi: 10.1089/ ast.2016.1551.

[5] J. L. Vago et al., “Habitability on early Mars and the search for biosignatures with the ExoMars rover,” *Int. J. Astrobiol.*, vol. 17, nos. 6–7, pp. 471–510, 2017. doi: 10.1089/ ast.2016.1533.

[6] L. R. Dartnell, L. Desorgher, J. M. Ward, and A. J. Coates, “Modelling the surface and subsurface Martian radiation environment: Implications for astrobiology,” *Geophys. Res. Lett.*, vol. 34, no. 2, 2007. doi: 10.1029/2006GL027494.

[7] R. D. Lorenz et al., “Dragonfly: A rotorcraft lander concept for scientific exploration at Titan,” *Johns Hopkins APL Tech. Dig.*, vol. 34, no. 3, p. 14, 2018.

[8] X. Li et al., “Mars Organic Molecule Analyzer (MOMA) laser desorption/ ionization source design and performance characterization,” *Int. J. Mass Spectrometr*, vol. 422, pp. 177–187, Nov. 2017. doi: 10.1016/j.ijms.2017.03.010.

[9] L. McInnes, J. Healy, and J. Melville, “UMAP: Uniform

关于作者

Victoria Da Poian NASA戈达德太空飞行中心航天工程师。研究兴趣包括用于行星科学任务的人工智能和机器学习（ML），以及用于太空任务科学自主性的数据科学和ML。在法国国家高等航空和航天学院获得硕士学位。联系方式：victoria.dapoian@nasa.gov。

Eric Lyness NASA戈达德太空飞行中心软件工程师。研究兴趣包括用于开发和操作飞行仪器的软件。获得爱荷华州立大学学士学位。联系方式：eric.i.lyness@nasa.gov。

William B. Brinckerhoff NASA戈达德太空飞行中心太阳系探索部高级科学家。研究兴趣包括为未来的行星体任务开发仪器。在俄亥俄州立大学获得了实验性凝聚态物理学博士学位。联系方式：william.b.brinckerhoff@nasa.gov。

Ryan Danell Danell咨询公司创始人和总裁。研究兴趣包括基于捕集器和基于四极场的仪器，重点是实现高性能的仪器操作。在北卡罗来纳大学获得分析化学博士学位。联系方式：rdanell@danellconsulting.com。

Xiang Li 马里兰大学巴尔的摩分校和NASA戈达德太空飞行中心质谱科学家。研究兴趣包括采用各种电离和离子门技术的飞行时间和离子阱质谱仪，重点是检测行星系统中的微量元素和天体生物相关的有机分子。在约翰霍普金斯大学获得物理化学博士学位。联系方式：xiang.li@nasa.gov。

Melissa Trainer NASA戈达德太空飞行中心行星科学家。研究兴趣包括用质谱法研究火星和土星的卫星泰坦的过程。在科罗拉多大学获化学博士学位。联系方式：melissa.trainer@nasa.gov。

manifold approximation and projection for dimension reduction," 2018, arXiv 1802.03426v2.

[10] A. Creswell et al. "Generative adversarial networks: An overview," *IEEE Signal Process. Mag.*, vol. 35, no. 1, pp. 53–65, 2018. doi: 10.1109/ MSP.2017.2765202.

[11] Y. Hong, U. Hwang, J. Yoo, and S. Yoon, "How generative adversarial networks and their variants work: An overview," *ACM Comput. Surv.*, vol. 52, no. 1, 2019, Art. no. 10. doi: 10.1145/3301282.

（本文内容来自 Computer, Oct. 2021） **Computer**

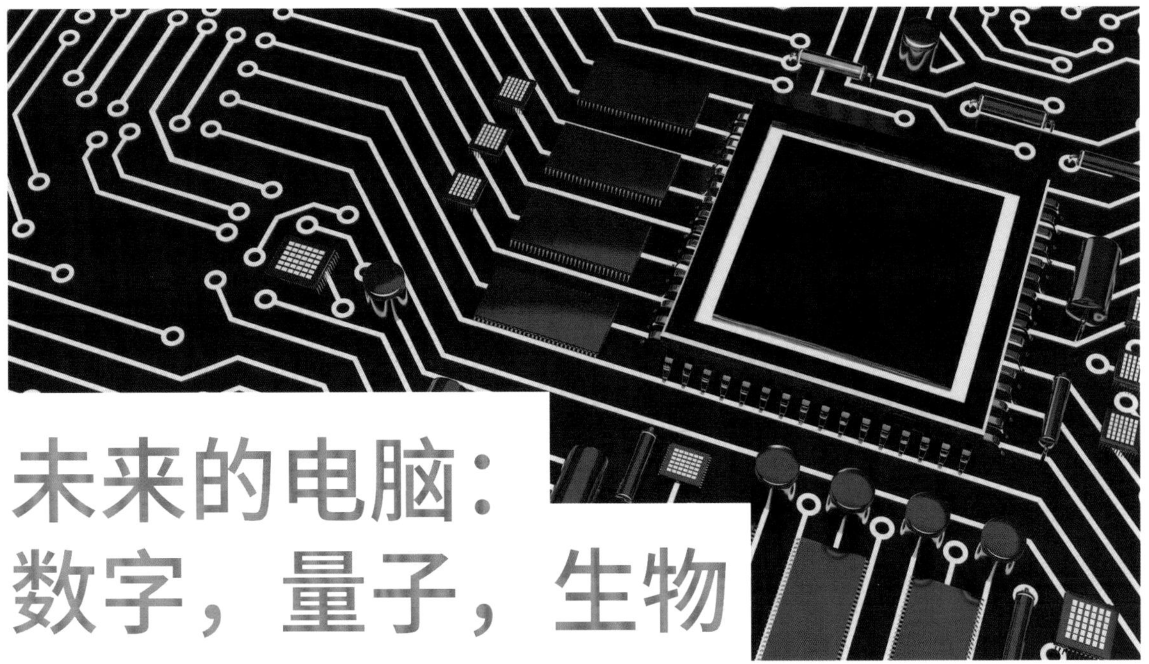

未来的电脑：数字，量子，生物

文 | Philip Treleaven　伦敦大学学院
译 | 闫昊

量子计算机提供了巨大的潜在性能，而生物计算机可以给制药业带来革命性的变化。然而，这需要简单的“工程学”描述和标准化方法。本文提供量子和生物计算机架构的“外行”描述、与数字计算机的比较，以及行业标准模型的讨论。

60年来，数字（冯•诺依曼控制流、存储程序）计算机模型一直支撑着技术进步[13]。然而，支持顺序程序执行架构的设备在小型化、SCA实验室和性能方面正在达到其物理极限[2]。这激发了人们对新计算机架构的兴趣。通过比较数字计算机和量子计算机，以及与生物信息处理，可以得出有价值的见解[1]。

冯•诺依曼模型是行业标准，因为它在控制流计算机和过程语言中很常见。我们需要的是嵌入在计算机中的通用、可扩展模型和相关的编程语言：

（1）数字计算机：传统的二进制、控制流、存储程序计算机模型的并行变体，如多指令多数据（multi-instruction-multidata，MIMD）流计算机。

（2）量子计算机：使用量子比特（qubits）、量子纠缠和“可配置”量子逻辑门进行信息处理。

（3）生物计算机：使用细胞（蛋白质合成）以及DNA、蛋白质和RNA来创造新细胞（与硬件相比）或制定计算运算符的信息处理。

本文首先对量子和生物计算机进行简单的“工程学”描述，其次介绍嵌入计算机架构和编程语言中的通用（行业标准）模型。量子计算机的标准架构可能会带来重大的计算优势。反过来，指定生物计算机的通用架构（与细胞和分子生物学相比）有可能解锁对自然界信息处理的理解，使我们能够在DNA/蛋白质水平上对细胞进行编程。

计算机制

计算被定义为信息的受控转换，对表示的属性敏感，决定信息处理的行为[5]。深刻的区别在于，自然（生物）计算使用直接自我转换的物理结构，而人工（人造）计算使用解释模型或模拟的抽象结构。

我们提出了支持计算的四种基本工程范例：

（1）信息：信息的编码方式。

- 离散/数字，用一系列物理量的值表示信息，如二进制(01)或DNA［腺嘌呤、胸腺嘧啶、鸟嘌呤、胞嘧啶（adenine, thymine, guanine, cytosine，ATGC）］。
- 连续/模拟，通过可变物理量表示信息，如量子比特或电压。

（2）结构/处理：如何表示和处理计算。

- 解释模型，即由程序/数据模拟的抽象模型。
- 直接转化的物理结构，如DNA/蛋白质。

（3）控制：选择信息进行处理的方法。

- 显式，如指令地址。
- 模式匹配，如蛋白质。

（4）通信：表示信息和状态变化如何传播。

- 组播或广播，如共享内存。
- 单播或点对点，如消息。

数字计算机

数字二进制、存储程序、控制流计算机（见图1）包括一个包含数据和指令的可寻址存储器和一个解释指令的CPU。能够写入数据，然后将其作为指令执行，这是通用计算的强大基础。CPU包括一个算术逻辑单元（arithmetic and logic unit，ALU）和一个程序计数器，用于定义要执行的下一条指令的内存地址。

在20世纪40年代末，提出了许多数字存储程序

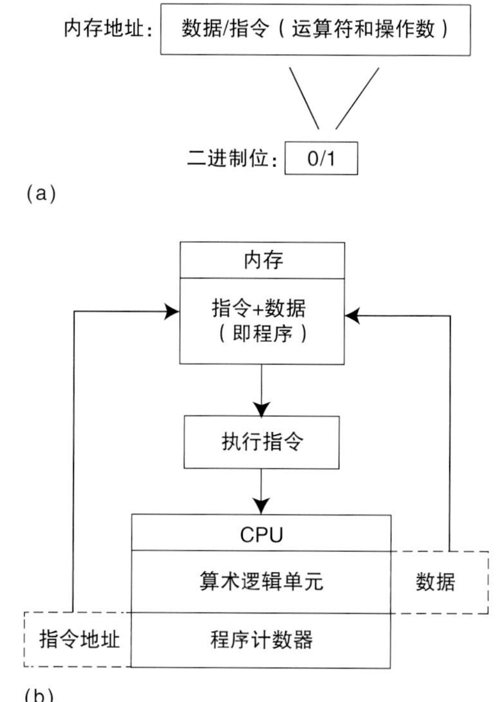

图1　数字计算机。（a）信息表示；（b）计算机架构

计算机体系结构，但冯•诺依曼架构成为行业标准模型，嵌入在计算机和过程语言中。该模型的指令包括运算符（ALU或控制）和运算数（数据或内存地址）。使用ALU指令时，程序计数器自动递增。利用控制指令，内存地址覆盖程序计数器。

作为我们讨论量子和生物计算机的基准，我们提出了一个可扩展的控制流模型。对于通用、并行、控制流计算机，我们需要一个固有的MIMD架构（与冯•诺依曼相比），该模型可嵌入并行计算机和过程语言中（图2）。例如，每台计算机的本地内存可能构成共享地址空间的一部分，并且控制指令可以指定多个（下一个）指令地址。

编程模型

通过包括图2中的处理器(p1，p2)、共享地址空间(p1.x，p2.x)、“fork”控制(|)以及可能的某种形式

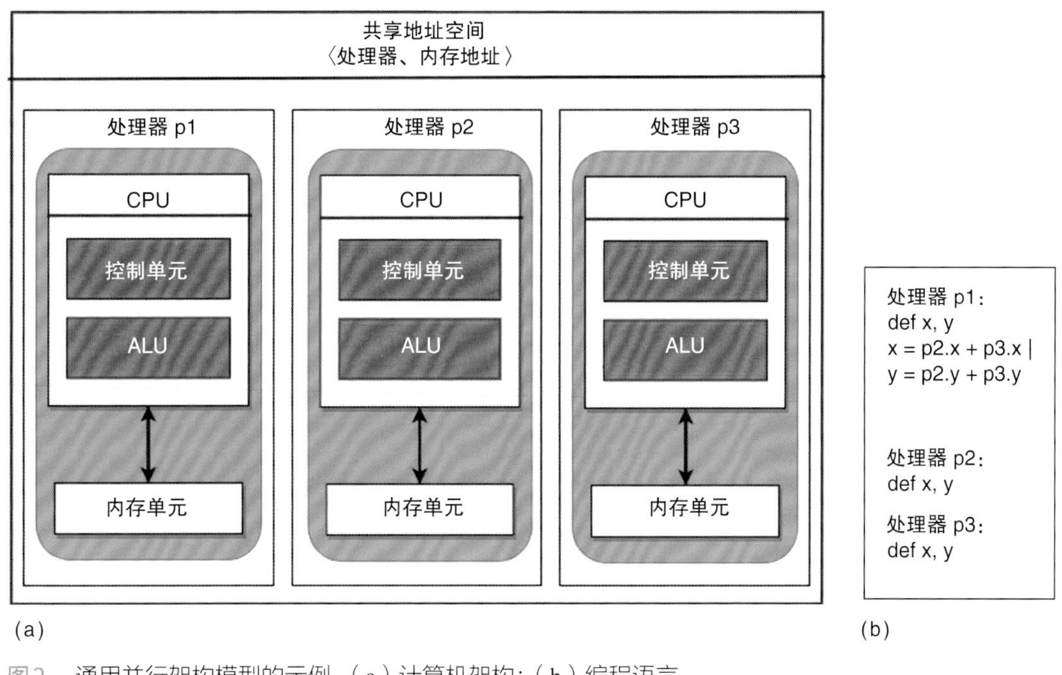

图2　通用并行架构模型的示例。（a）计算机架构；（b）编程语言

的同步语句，该并行计算机模型可以被改造成过程语言。接下来，我们提供一个简单但大致准确的量子计算机的“工程学”描述。

量子计算机

量子计算机，通常是基于门，类似于在电路逻辑级别进行编程或配置现场可编程门阵列。我们从一些定义开始：

（1）量子比特：量子信息的基本单位，同时表示两个值/状态（0和1）。

（2）量子寄存器：存储一系列量子比特的系统。

（3）量子门：一个基本的量子运算符和处理少量量子比特的电路。

（4）量子电路：一种模型，其中量子计算是量子门的配置。

（5）量子并行性：量子计算机在单个计算（即叠加）中并行处理量子寄存器的所有值的能力。

（6）量子指令：配置量子门以执行量子计算的规范。

（7）量子编程：汇编指令序列的过程，称为量子程序，能够在量子计算机上运行。

物理学家根据由概率振幅指定的量子状态来讨论量子计算机，并且需要两个连续变量来唯一地指定量子比特的状态[11]。将量子比特（0和1）与二进制（0或1）进行对比是很流行的。一个通俗的类比是将信息视为由“硬币”表示的。二进制信息是硬币的正反面。一个量子比特可以描绘成一个硬币在桌子上一面朝上或旋转，代表0和1。在量子比特中存储一个值就是在0和1之间“旋转”我们的硬币（也就是说，处于不确定状态）。读一个量子比特相当于“敲桌子”，导致“硬币”停在0或1。

读取“冻结”了量子比特（0或1）的输出和存储值（即状态）。它还会丢弃有关量子比特如何表示值的信息（如极性、自旋等）。由于一个量子比特能够同时支持两个状态，因此一个量子比特存储两个状态[(0)，(1)]，两个量子比特存储四个状态[(00)，(01)，(10)和(11)]，八个量子比特存储256个状态[(00000000)]···(11111111)]。重要的是，当一个值存储在量子比特中时，可以添加一个概率来影响输出。继续我们的硬币类比，这就像增加了偏差（与有偏差的硬币相比），改变了结果的概率。

量子计算机的四个关键概念如下：

（1）叠加：一个量子比特将信息表示为0和1。

（2）纠缠：多个量子比特作为寄存器连接在一起，即连接行为。

（3）干扰：控制量子值的概率并放大信号获得正确答案。

（4）相干/去相干：由于量子比特会随着时间的推移丢失信息，因此估计信息的“保质期”是很重要的。

通过量子纠缠，可以形成一组量子比特或寄存器，这样对一个量子比特执行的操作就会影响其他量子比特（例如，通过微波脉冲或使用激光将光子分裂成对，可以产生纠缠）。对于量子干涉，增加概率会影响输出导向正确的结果。

量子处理由量子指令配置的量子门执行。输入量子比特数据并通过量子门产生输出。配置的量子门提供映射/转换功能。对于量子计算机，量子门的输入是0或1，输出到量子存储器的0和1有被更改的概率。

简化的量子计算机模型（图3）遵循具有量子存储器的数字计算机，该量子存储器基于在同一存储器中包含数据和门指令的量子寄存器。用于存储器访问的寻址结构需要单独的处理单元来选择数据和门指令以使用这些地址进行处理。

我们在“计算机制”一节中介绍的计算机制可以指导量子计算机的设计：

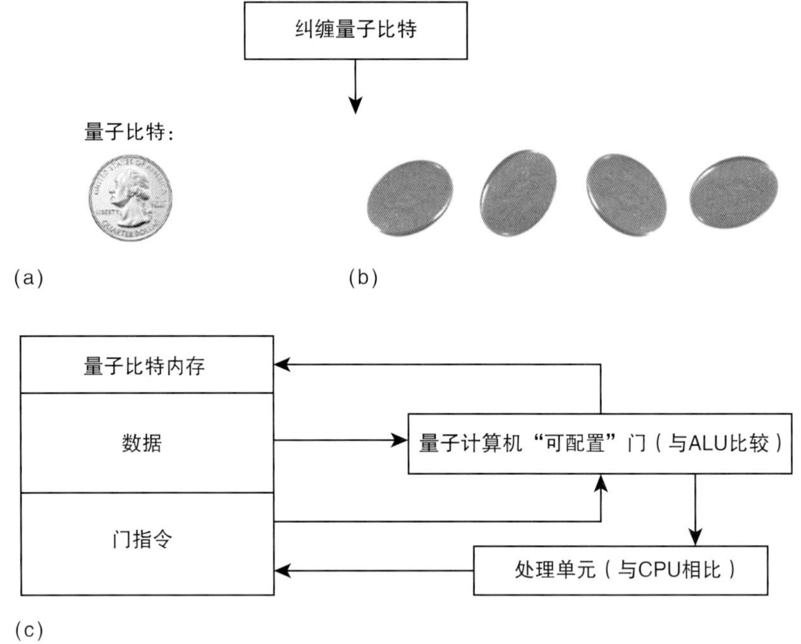

图3　量子计算机。（a）一个量子比特既是0又是1；（2）四个量子比特代表所有24种可能的排列；（3）量子计算机架构

（1）信息：量子比特代表计算。

（2）结构/处理：量子纠缠被用来构建结构，量子处理器解释计算。

（3）控制：量子控制机制可能使用显式内存地址。

（4）通信：量子比特内存支持组播。

量子计算机可以细分如下：

（1）量子混合：目前的量子计算机是由一台用于程序控制的传统数字计算机和一个量子协处理器组成的混合计算机，该量子协处理器包括量子存储器和用于执行的量子门。数字计算机被用来“写入”量子存储器，配置量子门，并选择所需的结果。

（2）量子幺正：未来的通用量子计算机可以说需要以下条件：

- 用于存储数据和门指令的量子比特内存（与共享内存相比）。
- 标识特定量子比特的量子比特寻址机制。
- 一组适用于所有程序的通用量子门运算符。
- 用于配置量子门的门指令的处理单元（与CPU相比）。
- 在量子存储器中存储叠加值的输出。
- 用于选择处理门指令的寻址机制（与程序计数器相比）。

量子计算机驱动具有三种来源：

（1）量子相关性：信息使用纠缠存储在相关性中。

（2）量子并行性：一组量子比特，通过纠缠连接在一起，在推理的指导下，并行测试所有值的组合（与老虎机的刻度盘相比）。

（3）门并行：输出并行地流经量子门网络。

编程模型

重要的是，量子算法和程序独立于对量子计算机硬件的需求。也就是说，量子计算机需要的是一个通用的“行业标准”模型，然后这个模型需要嵌入到量子硬件架构和相应的量子编程系统中[10]。目前已经有量子编程系统，包括量子指令集；量子软件开发工具包；以及量子编程语言，它们可以分为命令式语言，如量子指令语言(Quil)、QCL、Q#和Silq，以及函数式语言，如量子流程图/量子编程语言和QML[12]。

在设计量子混合协处理器时，许多工程挑战（寻址量子比特、配置量子门以及将分布写入量子比特）都可以由数字计算机处理。与量子门相比，通过数字技术利用量子并行性（即叠加）对性能的提高不那么明显[7]。

设计通用量子幺正计算机带来了一些有趣的问题：第一，对于量子存储器，量子比特和量子寄存器如何表示数据、门指令和地址；第二，对于量子门指令，量子比特值如何指定门配置；第三，对于量子寻址，如何访问特定的量子寄存器和量子比特，这可能需要地址元组；第四，对于量子处理，如何测试所有可能的纠缠量子比特组合；第五，量子计算机的解决方案可能是不受干扰的光学设备[11]，也可能是使用DNA/蛋白质方法和模式匹配控制的生物设备。

生物计算机

关于生物信息处理的一个令人欣慰的事实是，我们知道它是有效的[4]。正如所讨论的，生物与数字计算机的主要区别在于，自然信息处理改变了物理结构（与硬件相比）或其环境。图4说明了生物信息处理：

（1）DNA：DNA是脱氧核苷酸组成的大分子化合物，脱氧核苷酸由碱基、脱氧核糖和磷酸构成，其

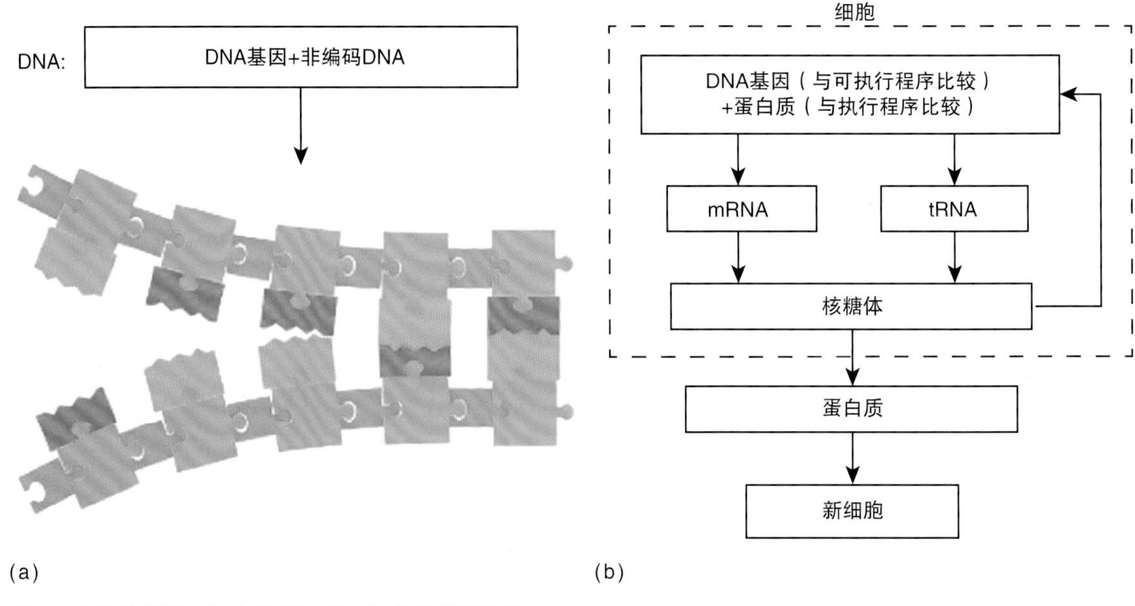

图4　生物计算机。（a）信息表示；（b）计算机架构

中碱基有A、T、G和C四种。DNA类似于存储的可执行程序（与指令+数据相比）。

（2）RNA：RNA是由核糖核苷酸经磷酸二酯缩合而成的长链状分子，核糖核苷酸由碱基、核糖和磷酸构成，其中碱基有A、G、C和U（尿嘧啶）四种。RNA通常起着控制机制的作用，与"互补的"DNA片段结合并改变它们的活性（调节基因表达）。

（3）蛋白质：由一个或多个氨基酸链组成，其中有20种不同的类型。蛋白质看起来类似于一个正在执行的程序。

DNA的A、T、G、C碱基，RNA的A、G、C、U碱基，以及蛋白质的20个氨基酸，就像拼图一样。DNA中的碱基序列决定了RNA分子中的碱基序列，而RNA分子中的碱基序列又决定了组成蛋白质的氨基酸序列。在序列结构中编码的信息从DNA到RNA到蛋白质（称为中心法则）单向流动。生物计算机中的计算以分子（或分子组装）三维形状模式匹配和处理为中心。

从基因到蛋白质的旅程包括两个主要步骤：

（1）转录：储存在DNA中的信息由信使RNA（mRNA）传递，信使RNA充当产生蛋白质的"蓝图"。

（2）翻译：核糖体使用mRNA和转移RNA（tRNA）来组装蛋白质。处理是由操纵DNA结构的强大模式匹配（控制）机制驱动的。

从DNA到RNA再到蛋白质（即蛋白质合成）的信息流是生物学的基本原理之一。聚合酶组装DNA和RNA，核糖体产生蛋白质，为其接收mRNA。mRNA分子（大约）是DNA序列的副本，它描述了一条链中氨基酸的顺序（当正确折叠时），该链构成了相应的蛋白质。给定形状的tRNA运输一种特定的氨基酸，并附着在mRNA的特定片段上，通常情况下，只有正确的氨基酸才能附着在不断增长的链上。

由我们的计算机制（参见“计算机制”部分）指导的通用生物计算机的设计包括以下几个部分：

（1）信息：用物理量表示（DNA的ATGC、RNA的AGCU和蛋白质的20个氨基酸）。

（2）结构/加工：直接转化的物理结构（通过核糖体）。

（3）控制：基于信息内容的模式匹配机制（通过聚合酶）。

（4）通信：不清楚这是组播、单播还是两者兼而有之。

举一个具体的例子，疫苗mRNA疗法的开创性工作可能会推动生物计算机的发展。RNA疫苗由编码疾病（即一种特定抗原）的mRNA链组成。一旦疫苗中的mRNA链进入人体细胞，细胞就会利用遗传信息产生抗原。为了制造mRNA疫苗，科学家们使用了病毒用来构建其感染性蛋白质的mRNA的合成等价物。细胞将mRNA作为构建抗原蛋白的“指令”，免疫系统检测到这些病毒蛋白，并开始产生对它们的防御反应。

生物“机器代码”的一个很好的例子是4284个字符的COVID BNT162b2 mRNA代码[3]，如图5所示。该代码被上传到DNA打印机，该打印机将数字字符转换为实际的生物DNA，然后再转换为RNA。一旦进入细胞，RNA就被用来产生病毒的典型蛋白质，这促使免疫系统形成对病毒的防御。图5中的机器代码利用细胞中现有的DNA和蛋白质“程序”，进而激活附近免疫细胞中的其他程序。

编程模型

如上所述，通用型生物计算机和编程语言的进一步发展需要一个标准模型，在该模型中我们可以指定DNA、蛋白质、RNA字符串，并且可能还需要可定制DNA和蛋白质的模板库。根据标准模型，数据/指令包括DNA、RNA和蛋白质；操作员支持转录和翻译；控制机制基于模式匹配控制执行（如通过Cas9/CRISPR进行基因编辑）。重要的问题出现了：第一，存在哪些化学物质（与硬件相比）可用于创建生物计算机；第二，模式匹配控制机制如何工作；第三，高级编程语言将是什么样子。

如前所述，行业标准的冯•诺依曼模式支撑了技术进步，但它正在达到其物理极限。这激发了人们对量子计算机的巨大兴趣。同样，了解自然系统（如细胞和植物）的信息处理过程，可以实现（DNA）可编程生物计算机的突破[5,6]（我们也应该重新审视MIMDstream数字并行计算机）。使用我们在“计算机制”一节中讨论的四种计算机制，图6给出了数字、量子和生物计算机模型的汇总比较。

总而言之，数字、量子和生物计算机的通用、可扩展架构模型可以提供强大的新系统。更重要的是，

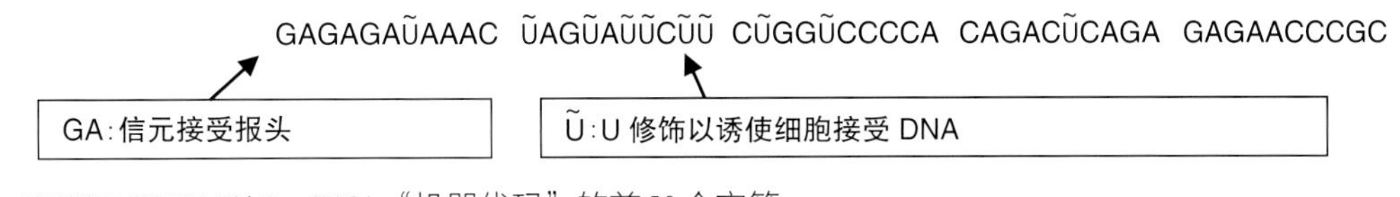

图5 COVID BNT162b2 mRNA“机器代码”的前50个字符

	数字	量子	生物
信息	离散/数字，信息由物理量表示（如二进制）	用可变物理量（如量子比特）表示的信息的连续/模拟	具有由物理量表示的信息的离散/数字（如DNA碱基A、T、C和G）
结构/编程	由程序/数据模拟并解释的抽象模型	由程序/数据模拟并解释的抽象模型	直接结构转换
控制	显式的，如指令地址	显式，可能使用地址	模式匹配
通信	组播或广播	组播或广播	组播或单播

图6 数字、量子和生物计算机的比较

这项研究有助于理解生物信息处理[8]。

致谢

感谢 Martin Schoernig 博士对本文的广泛讨论和贡献。感谢 Stephen Emmott 教授、Alexei Kondratyev 博士、Cat Mora 博士和 Sarvesh Rajdev 审阅了本文的大量草稿。

关于作者

Philip Treleaven 就职于伦敦大学学院。联系方式：p.treleaven@ucl.ac.uk。

参考文献

[1] G. Bassel, "Information processing and distributed computation in plant organs," *Trends Plant Sci.*, vol. 23, no. 11, pp. 30,184–30,185, 2018. doi: 10.1016/j.tplants.2018.08.006.

[2] C. Bennett and R. Landauer. "The fundamental physical limits of computation." Scientific American, June 2011. www.scientificamerican.com/ article/the-fundamental-physica l-limits-of-computation/ (accessed 2021).

[3] "Reverse Engineering the source code of the BioNTech/ Pfizer SARS-CoV-2 Vaccine." https://berthub.eu/ articles/ posts/reverse-engineering -source-code-of-the-biontech-pfizer -vaccine/ (accessed 2021).

[4] D. Bray, "Protein molecules as computational elements in living cells," *Nature*, vol. 27, no. 6538, pp. 307–312, 1995. doi: 10.1038/376307a0.

[5] P. J. Denning. "Ubiquity symposia." 2011. https://ubiquity. acm.org/ symposia2011.cfm?volume=2011 (accessed 2021).

[6] L. Kari and G. Rozenberg, "The many facets of natural computing," *CACM*, vol. 51, no. 10, pp. 72–83, Oct. 2008.

[7] M. Lanzagortaa, and J. Uhlmannb, "Is quantum parallelism real?" in *Proc. SPIE*, 2008. [Online]. Available: https:// www.researchgate.net/ publication/252477910_Is_quantum _parallelism_real. doi: 10.1117/12. 778019.

[8] M. Mitchell, "Ubiquity symposium: Biological computation," *Ubiquity*, vol. 2011, p. 3, Feb. 2011. [Online]. Available: http://delivery.acm .org/10.1145/1950000/1944826/ a1-mitchell.pdf?ip=128.16.12.209&id=1944826&acc=OPE N&key=BF07A 2EE685417C5%2ED93309013A15C57B %2E4D4702B0C3E38B35%2 E6D218144511F3437&—acm—=154 6851025_35a94fcfcdef910b6f064 e1ad8b0b5a7 doi: 10.1145/ 1940721.1944826.

[9] Optical computing. Wikipedia, 2021. https://en.wikipedia. org/wiki/ Optical_computing

[10] R. Smith, M. Curtis, and W. Zeng, "A practical quantum instruction set architecture," 2017. [Online]. Available: https://arxiv.org/abs/1608.03355

[11] "Quantum computing." Wikipedia, 2021. https:// en.wikipedia.org/wiki/ Quantum_computing (accessed 2021).

[12] "Quantum programming." Wikipedia, 2021. https:// en.wikipedia. org/wiki/Quantum_programming (accessed 2021).

[13] "von Neumann architecture." Wikipedia, 2021. https:// en.wikipedia.org/ wiki/Von_Neumann_architecture (accessed 2021).

（本文内容来自 Computer, Aug. 2021） **Computer**

物联网智能医疗中的安全和隐私

文 | Sivanarayani M Karunarathne 伯恩茅斯大学
Neetesh Saxena 卡迪夫大学
Muhammad Khurram Khan 沙特国王大学
译 | 程浩然

患者护理是医疗健康实践的关键元素。医疗保健物联网的使用可以改善病人的生活并提高医疗工作者、护士、临床人员、医疗公司和政府人员的服务质量。无线医疗监控系统在医院和其他医疗实践中得到了广泛应用，见证了医疗领域的一场革命。然而，在物联网范式中，互联事物的安全性和隐私往往被忽视。在医疗保健和远程健康监控的背景下，必须在设备制造、互联事物、通信、数据处理和存储以及这些设备和数据的销毁方面采用系统的安全和隐私措施，这一点至关重要。本文研究了医疗系统中物联网的安全和隐私的现状，以及在实施安全框架时遇到的挑战，并提出了安全和隐私解决方案。

物联网（IoT）的集成通过产生有意义的洞察力、生产力和成本效益，以各类方式对人们的生活质量产生了影响。将物联网引入医疗保健业可以改善患者监测、降低成本并促进患者护理的创新。当物联网在制造业和消费领域的整合被称为工业4.0时，医药4.0和健康2.0也在医疗保健领域蓬勃发展。这使得远程监控、独立辅助解决方案、管理药物、设计预警与积极的治疗计划、资产管理与医疗设备的维护等新颖的解决方案成为可能。

远程患者监测是医疗保健物联网（HIoT）的关键领域之一，它拯救了数百万人的生命与财产，同时它的其他功能对医疗保健也同样重要。在这种情况下，人们普遍认为无线人体传感器网络（WBSN）是融入医疗保健领域的核心HIoT技术。正如Qadri等人所讨论的[1]，HIoT以保健追踪可穿戴设备的形式被广泛使用。物联网在医疗保健领域的潜在应用场景是巨大的，它可以有效地应用于早期预警、诊断和有效治疗。对于物联网与医疗设备的整合，重点将转向消费端，如连续血糖监测（SGM）、血压计、可吞咽的传感器、连接的吸入器和其他旨在记录病人生命体征数据的设备等。近期带有帕金森病症状检测器的Apple Watch是同一类型的另一个补充。WBAN中的传感器和执行器根据疾病类型和护理人员的数据要求与病人的身体相连。它使得医疗保健人员能够自动收集信息并应用决策支持规则，以便在治疗过程中进行早期干预。

HIoT系统的安全和隐私措施对病人的安全、有效治疗以及确保病人的隐私至关重要。然而，大多数安全漏洞和数据隐私问题都发生在医疗领域[2]。为了获取经济利益、窃取个人敏感医疗数据以供第三方使用，恶意软件和人为干预正高度威胁着医疗数据安全。令人惊讶的是，许多目前最先进的物联网解决方案没有投入足够多的时间与重视来应用安全和隐私架构。这导致了关键的安全漏洞和敏感个人数据的隐私问题。此外，Aruba研究机构的一项研究[2]指出，物联网相关的安全漏洞在2019年已逾84%。大多数用于物联网的设备被设计得能耗较低、数据处理和存储能力有限、缺乏用户友好的界面，而复杂性的增加会导致工程师忽视物联网安全。使安全保障成为安全和受保护的数据传输、交换和使用的推动力，是在医疗保健领域使用这种技术和保护隐私的根本[3]。

机器学习、区块链、大数据分析、边缘计算、生物识别和纳米技术不再局限于某个特定领域或特定项目的应用。相反，这些技术可以被整合到一系列的解决方案中，包括物联网的安全和隐私解决方案。因此，在本研究中作者将调查现有的安全解决方案、保护隐私的框架和HIoT的机制。由于HIoT的功能非常广泛，作者主要关注远程病人监测解决方案，并讨论上述新兴技术在同一背景下的应用。此外，作者还讨论了为HIoT实现安全和保护隐私的新解决方案的未来方向。

本文有以下三方面的贡献：

（1）我们研究了在实施医疗保健物联网框架中遇到的技术以及独特挑战方面的安全与隐私的现状。

（2）我们根据HIoT的技术要求评估现有的安全和隐私解决方案，并确定关键的差距。

（3）我们提出了一个架构，并反思了经验教训和未来的研究方向。

动机场景与范围

物联网正在重新定义人与机器之间的体验。新一代的技术和物联网创新已融入医疗保健领域，在每年帮助节省数百万英镑方面发挥着重要作用。远程患者监护、（患者）独立生活、临床试验以及供应链是物联网融入医疗保健的几个领域。物联网的整合使医生、病人和医疗工作者在智能医院、智能家庭护理和机器人外科医生中受益。从数以百万计的物联网设备中收集的大数据对与医疗相关的所有层面都产生了巨大的影响，它们多被应用于数据分析和使用机器学习解决方案的预测性护理。然而，大多数安全漏洞和数据隐私问题都发生在医疗领域[2]。因此，当务之急是采取足够的安全措施来保护医疗系统和基础设施，并保护病人敏感的个人数据的隐私。表1说明了与医疗物联网中面临的隐私问题有关的一些场景。

表1　HIoT系统中的安全漏洞及其攻击

场景1	据报道，由赫士睿制造的输液泵存在安全漏洞，其允许未经授权的用户改变设备输送的剂量[4]。当已故黑客Barnaby Jack黑进胰岛素泵并可能滴入致命剂量的胰岛素时，这一安全漏洞才被曝光[5]
场景2	两名奥地利人对疼痛管理输液泵进行了干预，过量的药物导致了可能致命的呼吸系统问题[4]
场景3	美国食品和药物管理局警告，两种起搏器编程器型号存在风险，因为外来者可以通过互联网连接调整病人的起搏器设置[4]

在本文中，作者研究了医疗领域物联网系统的安全和隐私现状以及遇到的挑战，并提倡使用新兴技术的安全和隐私解决方案。

我们的研究方法

我们的研究方法是从根本上调查关于HIoT的安全解决方案和隐私保护机制的现有文献（使用具有辅助数据源的定性研究方法）。此外，作者还计划研究边缘计算、机器学习和人工智能（AI）、区块链、生物计量技术和纳米技术等新技术的补充，以加强HIoT应用的安全和隐私措施。作者随后讨论了高度安全的复杂安全架构的未来方向、隐私保护解决方案以及在医疗保健领域实施此类解决方案时遇到的挑战。

本文的“系统模型与HIoT技术要求”部分讨论了HIoT的系统模型、技术要求和遇到的挑战。“相关工作”一节讨论了目前关于HIoT的安全和隐私解决方案、技术和挑战的文献。“为HIoT安全与隐私提出的新技术”部分讨论了为HIoT提出的安全和隐私解决方案。最后，本文的“未来研究方向与结论”部分讨论了未来的研究方向和结论。

本文提供了现实世界中的场景、事件、安全漏洞以及遇到的挑战。作者在本文中的贡献总结如下：

（1）研究了基于物联网的医疗系统的安全和隐私现状，并确定了当前的问题和挑战。

（2）确定了基于物联网的医疗系统的关键功能要求以及安全和隐私要求。

（3）确定了现有解决方案的优点和缺点，并提出了一个坚持最佳实践解决方案的架构。

系统模型与HIoT技术要求

系统模型

HIoT 极大地提高了医疗保健产品、服务和以患者为中心的个性化治疗的质量。大多数以患者为中心的设备都启用了传感器或微芯片。智能医疗保健系统的三层架构如图1所示。

传感器和可穿戴医疗保健设备使用具有边缘或节

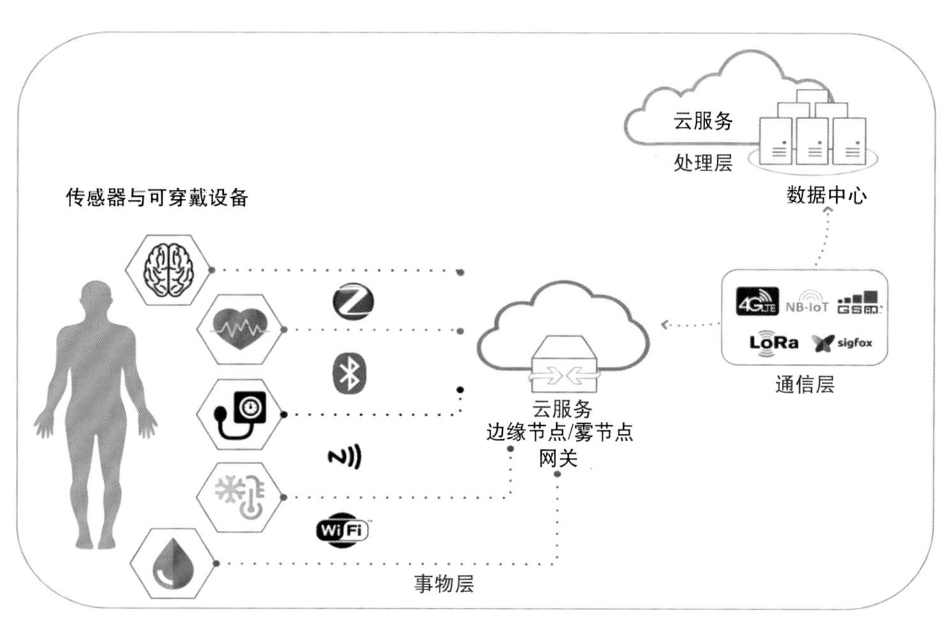

图1　物联网医疗保健系统的三层结构[1]

点计算的云服务，通过蓝牙、Zigbee 和 WiFi 等通信技术将医疗数据发送到网关。然后通过处理层使用广域通信技术（如 4G LTE、LoRaWAN 和 NB-IoT）将其进一步传输到数据中心。大量数据在数据中心进行处理和分析，然后与各个患者共享个人数据。此外，表 2 列出了 HIoT 的关键功能。正如研究范围所指定的，作者主要关注的是远程患者监测系统。物联网基础设施的安全性和医疗保健中收集的患者数据的隐私至关重要。然而，由于物联网设备的处理能力、低功耗和其他限制，智能医疗系统的安全基础设施被忽视并导致了许多安全漏洞。

技术要求与挑战

最近，医疗物联网设备和无线医疗传感器网络（WMSN）在医疗系统中变得非常重要。从设备中收集的静态和动态敏感个人数据必须得到保护，并且必须通过实施强大的认证和授权机制、配置控制、加密和使用标准原型来防止对这些数据的未授权访问[3]。然而，数据安全和隐私一直是物联网中被忽视的问题。

为 HIoT 实施安全措施的主要挑战是通过各种渠道进入 HIoT 网络系统的设备。例如，自带设备（BYOD）就是HIoT中的此类设备之一。与其他系统不同，物联网设备运行在不同的操作系统上，其功能也各不相同。这些设备可能没有共同的安全控制措施，包括强密码、认证机制、加密、硬软件、更新的固件和软件。将这些设备整合到智能医院系统和物联网网络中会对整个网络造成安全威胁。网络和物联网网络安全研究人员[5]已经发现了医药输液设备的安全漏洞，这些漏洞可能会损害患者的健康和安全，并对医疗记录和医院网络构成威胁。大量的异构设备无需密码或加密就能通过医院网络连接到互联网。黑客可以针对个人禁用他们的设备并移除挽救生命的护理，对特定种类的设备发动广泛的攻击或窃取数据。

1. 安全需求

WMSN的目的是及时保护传感器节点和网络免受来自内部或外部环境的恶意攻击。因此，医疗系统中MWSN的核心安全要求是与开放网络应用安全项目（OWASP）所列的十大安全漏洞有关的对策。该研究提出了一个采取安全措施的三步程序：

（1）评估安全影响。

表2 HIoT的关键功能	
远程健康监测	帮助医生和医护人员远程监控病人的健康状况。从远程监测设备收集的数据可以帮助医务工作者应对紧急情况，分析病人的健康状况，开出基于情境的个性化药物，并向供应商更新关于病人的需求。例如呼吸与哮喘监测器、心率监测器和胰岛素监测器
用于自我辅助与监测的身体可穿戴设备	协助病人和医疗团队不断理解健康状况、远程监测健康状况，个人可以根据可穿戴小工具的读数采取预防措施，可以协助医疗团队和护理人员应对紧急情况。例如健身追踪器、心率追踪器以及其他健康监测设备
个性化患者药物输液	药品的需求和供应可以使用以病人为中心的药物进行自动操作。这是使用可穿戴物联网设备实现的。例如启用物联网的胰岛素输液器和基于物联网的哮喘吸入器
医疗设备维护	医疗设备的有效维护可以拯救生命与财产。收集的数据、报告的故障和使用情况的跟踪有助于维护团队有效地预先提供支持
医疗资产管理	病床、医疗设备和其他资产必须易于追踪，以应对紧急情况，减少资产管理的成本，并为患者提供更好的医疗护理体验

（2）应用多方面的方法。

（3）定义整个设备和数据的生命周期的控制。

McGrath等[8]在表3中列出了HIoT系统的关键安全需求。

2. 隐私需求

根据英国信息专员办公室（ICO）的数据，在医疗领域发生的侵犯隐私的事件数量惊人。ICO说明了在医疗保健领域报告的数据安全事件的数量。医疗保健部门处理敏感的个人数据，不仅限于静态信息，还包括通过传感器收集的能够揭示个人生活信息的动态行为数据。暴露这些信息属于高风险，并被认为是严重违反数据保护。表4列出了如何在HIoT框架的所有水平层中实施隐私措施。据推测，由于功率和处理能力，事物层或传感器设备在实施安全和隐私方面将面临挑战。

表3　HIoT系统的关键安全需求

	确保隐私和完整性的关键安全需求
数据保密性	在多传感器网络(如智能医疗保健系统中的WBAN和环境传感器)中,必须防止未经授权的用户窃听。数据的保密性应作为首要目标来实施,因为暴露数据可能会让攻击者关联到个人的信息并造成风险。用于确保数据机密性的常用方法是使用密码对数据进行加密[8]
数据完整性	在终端收到的数据必须是一致的,不受恶意攻击或传输过程中意外的通信错误的干扰。基于密码学的完整性检查是确保数据完整性的一种形式。常用的加密算法包括AES128/256、MD5、SHA和S-box8[8]
认证	为了确保病人和医疗团队的真实性,需要传感器节点和聚合器的身份认证。可以使用各种方法来确保认证,包括交换认证密钥、数字签名和数字证书。认证有助于防止与伪造和伪装医疗电子记录(EHR)和个人健康记录(PHR)有关的攻击[8]
不可否认性	保证传感器节点不能拒绝发送它之前发送的信息。不可否认性可以使用数字签名与公钥基础设施配对来实现[8]
授权	授权保证访问权,只批准正确的节点和用户访问EHR、PHR和其他网络服务或文件。这可以通过在软件应用层面为正确的用户定义正确的访问控制来建立[8]
新鲜度	可以通过确保收到的数据的新鲜度来防止重放攻击。这包括验证从医疗传感器收到的数据是最新的、有序的和不重复的。新鲜度通常是通过使用传感器传输的数据包中的序列号和时间戳来实现的[8]

表4　如何确保HIoT中的隐私[10]

针对每个处理特定数据的人都有相应的保密政策	设计一个基于医疗环境的保密政策,并将这种政策的应用也扩展到相关的合作伙伴
对员工进行全面培训	对临床工作人员、医疗从业人员进行隐私保护实践以及适用的数据保护法规和立法的培训
ISO安全隐私标准 ISO 25237:2017 ISO/IEC 27701 ISO/IEC 27002	左侧所列的国际标准化组织(ISO)标准提供了各种技术,包括伪随机化,以使健康领域的数据匿名。适用这些标准可以让病人信任电子保健企业,同时也可以在不损害隐私的情况下为研究共享保健记录
安全及安全存储	确保所有EHR和PHR的安全存储和足够的安全措施到位,如认证、授权、问责和加密。ISO/国际电工委员会(IEC)27002是医疗卫生领域的此类措施之一
隐私保护访问控制	引入严格的访问控制政策,这些政策被证明是访问信息的最佳方式[10]。Sahi等指出,最好实施混合隐私政策,在其中采用匿名化和访问控制相结合的方法来隐藏用户的身份,同时控制信息的流动。这种混合方法可以解决与PHI和EHR相关的隐私问题(即防止未经授权访问PHI,以匿名方式存储和处理数据,以及在不损害病人隐私的情况下与外部第三方分享数据)

医疗保健方面的敏感数据通常具有敏感性质，分为显式标识符、准标识符和隐私属性三类。显式标识符代表健康记录中任何个人可识别的信息，如任何ID、序列号、病人姓名和联系方式。准标识符是一组可以推导出独特的个人信息的属性，如邮政编码、年龄和出生记录。隐私属性代表一个人的任何具体可识别信息，如任何健康疾病、残疾和工资。随机扰动和数据匿名方法，如k-anonymity、l-diversity和置信度约束，通常被用来解决这些问题。然而，传统的匿名方法并没有对分类数据进行约束，因此它可能导致隐私泄露，因为攻击者可以通过背景知识攻击来识别这些数据。

HIoT面临的与其息息相关且独特的挑战

HIoT面临的挑战的性质与多个互连设备有关[3]。它们与电源与可扩展性、互操作性、可靠性与安全性、生物相容性、脆弱性、医疗监管环境、集成、隐私和数据所有权等有关。

电源与可扩展性

传感器设备通常在电源和处理性能方面受到限制。基于传感器节点满足操作能量要求的能力，应用的可扩展性会受到限制。例如，一个可摄取的传感器可能需要几个小时，而可穿戴和环境传感器则需要几年。然而，目前的可用电力技术限制了用于数据传输和处理的电池中的电源。尽管如此，通过采用太阳能、燃料、热能和生化动力电池来改善电池供电是一种发展趋势。显然，随着技术的发展，使得轻量级消息协议和用于数据传输的低功率无线电模块能够消耗更少的功率。

互操作性

医疗传感器节点拥有不同的制造商、平台、API、功能、硬件、默认安全配置、网络支持和能力。在智能医院、智能家居或智能社会护理系统中，这类智能传感器设备的大量集合的互操作性是混乱的、不对等的。它需要一个完善的物联网架构，有额外的安全措施和支持层。

可靠性与安全性

收集、传输和存储的数据的可靠性和安全性根据医疗应用而有所不同。然而，关键的医疗保健数据必须在物联网架构的不同层中受到保护，不受漏洞影响。因此，它增加了有效载荷、功耗和应用程序的可扩展性。挑战在于根据应用需求找到合适的硬件、软件和存储平台，以确保医疗传感器网络和数据的可靠性、鲁棒性和安全性。

耐用性

医疗传感器的耐用性是有争议的，它容易因事故、汗水、雨水、风、故意破坏、布料摩擦和与身体部位或其他物体的磨损而损坏。无论上述条件如何，制造商都应对耐用性给予应有的关注，以使设备能够使用更长的时间。这对制造商来说是一个挑战。

生物相容性

随着MWSN的迅速发展，对医疗传感设备的生物相容性的研究也变得至关重要且充满挑战。使用可穿戴的身体传感器网络的副作用是未知的。如果使用者对传感器材料有过敏反应，传感器长期接触身体可能导致皮肤刺激。例如，心电图电极在直接接触皮肤7～10天后必须更换以减少对皮肤的刺激。

隐私和数据所有权

个人敏感数据必须得到保护，尤其是在卫生保健行业。EHR和PHR需要在休息、处理和运输过程中保护隐私。必须充分遵守国家的法律法规，并采取安全措施，确保使用各种医疗传感器收集的数据的数据所有权和隐私。在双方之间传输数据时，数据所有权是一个问题。在健康领域，在云平台上存储数据、在医疗供应商之间共享数据和转移数据时，必须确保数据所有权。

相关工作

物联网解决方案的安全和隐私问题迫在眉睫，但大多被轻视。本文作者调查了现有的关于HIoT安全和隐私措施的文献及其欺骗性，以采用支持高度安全系统的趋势性技术。

Wazid等[11]讨论了使用雾计算的物联网环境的安全密钥管理和用户认证机制。这个由两部分组成的安全机制被称为SAKA-FC，它具有三要素密钥管理和用户认证协议。密钥管理是通过在物联网设备和雾服务器之间以及雾服务器和云服务器之间使用成对的秘密密钥管理程序建立安全通信来处理的。它使用密码、生物识别和移动认证的组合来加强安全性。第二部分在合法的用户注册后生成并使用基于相互认证的会话密钥，以确保用户和物联网设备之间的安全。SAKA-FC使用高效的单向加密哈希函数，对物联网设备进行比特XOR计算。此外，椭圆曲线点乘法和生物统计学的模糊提取方法被应用于用户和雾化服务器。SAKA-FC在DY模型之外还考虑了CK咨询模型。Wazid等[11]也表示，与使用AVISPA工具的正式方法相比，SAKA-FC基于会话密钥的解决方案提供了增强的安全性。他们还认为 SAKA-FC 能够抵御重放和中间人攻击、雾服务器模拟、用户模拟、智能设备模拟和离线密码猜测。它还可以防止临时秘密泄露（ESL），并保持匿名性和不可追踪性。

Wazid 等[12]在另一项研究中讨论了植入式医疗设备（IMD）的安全性，例如起搏器和胰岛素泵。在本文中，作者为 IMD 提出了基于椭圆曲线密码（ECC）的三因素轻量级远程用户认证方案。该安全方案是一个与IMD、控制器节点（CN）和用户（U）相关联的系统模型，其中Dolev-Yao威胁模型用于说明所提出方案的应用。所提出的方案通过引入三因素身份验证来加强安全性，U 和 CN 使用会话密钥相互验证对方进行远程监控，并在 CN 和 IMD 之间建立成对密钥以确保它们之间的安全通信。在 Challa 等的另外两项有趣的研究[13]中，14位作者为无线医疗传感器网络提出了类似的安全方案，并为云辅助 CPS 环境提出了基于生物特征的三因素身份验证。然而，研究[12, 13]没有解决雾服务器模型的利用率，以及用于用户数据匿名和隐私的设备模型问题。

在另一项研究中[15]，Wazid 等介绍了LAM-CIoT，这是一种用于基于云的物联网环境的轻量级身份验证机制。该方案使用单向加密散列函数以及按位异或运算。此外，一个模糊提取器机制被用于用户端本地生物特征验证。该方案分七个步骤完成，并使用三因素身份验证：用户智能卡、用户密码和用户生物特征。该方案通过在应用环境中同步所有时钟时使用时间戳来保留匿名性和不可追踪性。

Yang 等[16]为移动健康解决方案提出了一种具有可追溯性（LiST）的轻量级数据共享方案。该模型的系统由 WBSN（数据所有者）、医护人员（数据用户）、公共云和密钥生成中心（KGC）组成，其中KGC被认为是一个完全可信的实体，为整个系统生成公共参数并向数据使用者分发密钥。加密机制被无缝集成到该方案中，其中细粒度数据访问与加密 EHR 上的关键字搜索、叛徒追踪和用户撤销交织在一起。据文献[16]介绍，LiST提供了轻量级的加密、轻量级的关键词陷阱门生成、轻量级的试算法、轻量级解密和验证、轻量级用户撤销和轻量级叛徒追踪。该方案通过使用轻量级撤销机制来删除未经授权的用户和解密权限，从而保护 EHR 的隐私。

Nanolock[9]为医疗行业提出了一个基于软件定义网络（SDN）的安全架构。SDN将网络政策与网络设备分开，并消除了设备级配置。在医疗和网络安全方面，作者认为SDN能够保护无线医疗传感器网络免受一系列的攻击，如拒绝服务和泛洪攻击。所进行的调查结果提出了一种基于信任的SDN方法，在数据包的状态和设备情况方面使用贝叶斯推理的WMSN。作者的调查表明，这种解决方案在各种条件下检测恶意设备方面是有效和可扩展的。然而，作者也建议在这方面做进一步的工作，以评估在更广泛背景下的有效性。

Porambage等进行的一项研究[17]考虑了物联网系统的隐私问题，提出了隐私框架的要求和遇到的挑战。作者还强调，由于异质物联网设备的性质，在实施传统的庞大隐私协议方面存在严格的要求。Porambage等人指出，尽管有轻量级的隐私协议，但采用这种协议并不安全，因为这些协议很容易被攻击者追踪。

该研究还提出了物联网解决方案的暂定隐私框架的特征，如图2所示。作者认为，互联网服务提供商和云服务提供商在传输和存储用户数据方面的交错，会带来隐私威胁和攻击。远程健康监测是HIoT的主要特征之一，用户数据的可用性和可及性相对较高。这必然会暴露隐私威胁，需要加强隐私框架以保护用

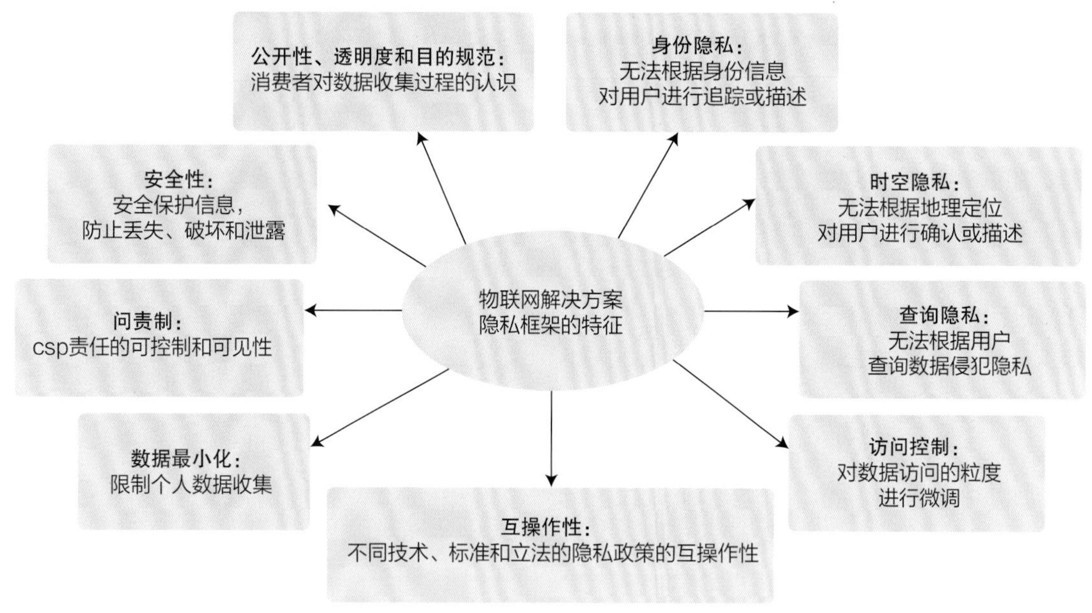

图2　物联网解决方案隐私框架的特征[17]

户和病人。然而，随着多种隐私增强技术（PET）的应用，基础技术和基于场景的PET在WSN的背景下更为突出。对WSN的内部和外部的隐私攻击是使用基于密码学的隐私解决方案来保护的。然而，强大的攻击可能会成功，而复杂的加密算法可能会给WSN带来资源和电力开销。因此，PET需要能够适应物联网应用性质的补充性解决方案。此外，Porambage等[17]也提出了隐私解决方案，如“隐私教练”和“代理作为经纪人”的隐私增强机制，激活/启动了物联网应用的可扩展性和互操作性。公钥密码学和转发代理可用于类似环境中的位置和身份保护。Porambage等[17]规定的另一个关键解决方案包括PbD，它是一个杰出的物联网网络隐私解决方案，完全在设计层面利用机器学习、大数据分析、云计算、法律政策和传感技术来确保隐私解决方案。

Yang等[18]提出了一个用于医疗领域大数据存储和自适应访问控制的隐私保护系统。这个解决方案有三个突出的功能：跨域数据共享、正常和紧急情况下的自适应访问控制，以及智能重复数据删除。该系统优于其他隐私保护机制。这项研究的作者列出了组成这个解决方案的多个功能：基于属性的加密、跨域、碎玻璃访问（BGA）和基于密码的碎玻璃钥匙（BGK）。该机制是独特的，为访问加密数据提供了一种细化的方法，使用跨域方法在医院之间共享数据，使用BGA和BGK方法在紧急情况下访问数据。使用密码的BGK方法是本文提出的保全系统的一个权宜之策略。

使用生物识别技术、智能卡和移动认证的三因素认证被用来克服传统的基于密码的验证中存在的安全漏洞[11～15]，在以前的研究中没有预先描述的端到端解决方案。此外，医疗保健物联网应用产生了大量的数据，在设备层面进行传输、存储、处理，并将数据输入到应用程序中，以实现高效决策。在上述讨论中，不同作者所做的研究表明[16～23]，物联网应用的安全性和隐私性被忽视，解决方案容易受到攻击，并且没有为医疗保健物联网频谱规定一个强大的安全解决方案。很明显，过去在医疗保健物联网方面进行的研究也比较少。

为HIoT安全与隐私提出的新技术

了解物联网应用的要素[7]以及医疗领域的物联网应用及其背景，有助于技术专家和用户开发解决方案，并提供高度安全的隐私认可解决方案。医疗保健物联网的主要安全要求包括三个阶段：安全的加密密钥生成、每个医疗保健物联网组件的认证和授权，以及传感器节点与医疗保健人员之间稳健和安全的端到端通信（这一要求非常关键）。

在物联网范式中[19]，由于资源、电力、处理能力和节点的大小，系统设计者和用户在使用当前的安全和保护技术时面临着一些挑战。为了减轻上述风险，需要建立强大和轻量级的混合安全机制，以建立HIoT的端到端安全，这可以使用下面所讨论的新技术来实现。

用于HIoT安全架构的新技术

机器学习（ML）、深度学习（DL）、区块链、SDN、生物识别解决方案、纳米技术和雾计算是一些新的解决方案，可以填补空白并加强HIoT的现有安全架构。我们提出了一个HIoT的安全和隐私架构，如图3所示。

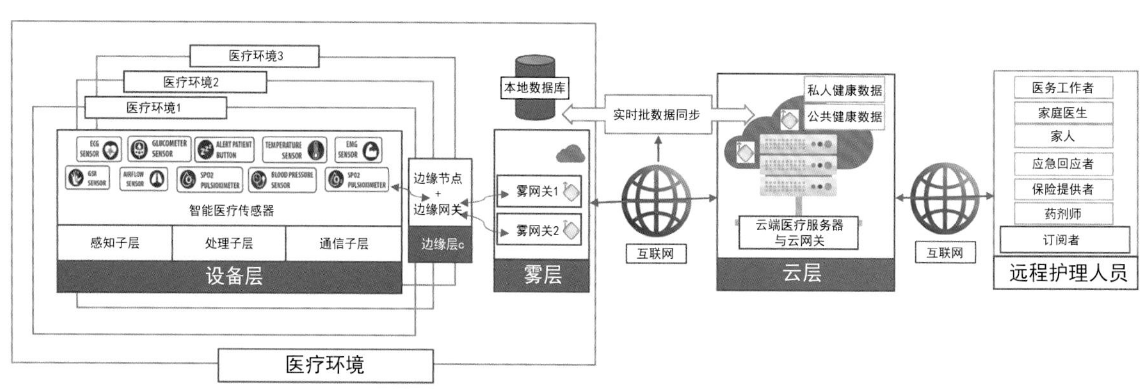

图3　提出的HIoT安全与隐私构架

机器学习解决方案

Hussain等[20]在数据中心（处理层）预先发送了一个基于ML和DL的安全解决方案，填补了标准物联网安全架构的空白。物联网中基于ML和DL的攻击检测和缓解算法可以为HIoT实现一个增强的安全架构。根据Hussain等的研究[20]，机器学习算法，如朴素贝叶斯、K近邻、K-means算法、随机森林和决策树（DT）、支持向量机（SVM）、循环神经网络（RNN）、主成分分析、Q-learning和深度学习算法被用于认证；攻击检测与缓解；分布式DOS攻击；异常检测/入侵检测；恶意软件分析。

区块链

Hussain等[20]与Qadri等[1]进一步阐述了数据管理。可以通过使用区块链来加强HIoT的安全性。这种解决方案使用计算模型来阻止未经授权的修改。然而，在HIoT安全和隐私方面进行的研究有限。

基于生物识别的数据加密技术

医疗传感器节点依靠加密算法来保证其通信安全。使用安全密钥和强大的密钥生成算法在数据加密中起着重要作用。由于预部署需要正统的密钥生成机制，在网络连接和随后的调整期间需要计算能力和延迟。生物特征密码学是在资源有限的环境下实施安全密码学的最佳解决方案之一。

生物识别端到端加密是HIoT中的一种趋势性加密技术，它能从生物识别中安全地生成数字密钥，或将数字密钥与病人的生物识别结合起来，被称为Biocrypt。这使得该过程更加安全，并通过不存储生物特征模板对资源受限的环境进行了优化。从存储的生物识别加密（BE）模板（也称为“辅助数据”）中检索密钥或生物识别在计算上是困难的。辅助数据可以包括基于高级加密（AES-128或AES-256）的密钥，或使用传感器数据（如心电图读数的脉冲间序列）的斐波那契线性反馈移位寄存器生成的伪随机数。实时数据加密拟由流密码来完成，而静态数据则使用块密码来完成。由于生物识别的唯一性和可变性，BE被认为是模糊的。从医疗保健监测节点收集的生物计量信息，如心电图（ECG）、指纹、面部识别、虹膜和其他生物计量数据被用于医疗传感器监测应用。

基于生物特征的识别和认证

医疗传感器设备必须受到保护，以防止物理盗窃和未经授权的访问。生物识别信息也可作为识别和认证机制的一种手段。数据加密的密钥应与用于认证的密钥分开。每个医疗保健物联网组件的认证和授权也可以使用生物识别认证和数据报传输后期安全（DTLS）机制的组合来实现。

物联网组件的相互认证和授权

在HIoT中，医疗传感器收集的数据不仅要收集和传输给最终用户，如医生或智能医院网络，而且最终用户必须能够连接到特定类型的应用，如心脏起搏器中的传感器节点。在这种情况下，终端用户和设备的相互认证和授权是必须的（此类操作的身份验证和授权）。Moosavi等[19]提出了一个使用雾层组件的解决方案，其中智能健康网关代表医疗传感器安全、高效地执行远程终端用户的认证和授权。在初始化期间，医疗设备和智能网关之间需要相互认证。

安全协议和验证

雾层和托管的智能HIoT网关的引入让重量级的安全协议和证书验证有效地进行并保护系统，因为网关和终端用户已充分利用资源设计。

为物联网设备使用端到端轻量级安全平台

一个专门建造的物联网端到端轻量级安全和管理平台可以成为保护整个医疗系统的另一个解决方案。NanoLock就是这样一个平台，它可以自我设计、保护、管理和保障空中固件（FOTA）设备的更新、控制和监控连接的设备，并包括监控设备安全、设备到云的完整性、版本管理、攻击检测和从网络物理系统到云的警报等强大功能[9]。

纳米技术

考虑到技术解决方案，像NanoLock这样的端到端解决方案可以使任何需要防止窃听、防止数据窃取、认证和授权、加密、隐私保护、确保静态、过程和传输中的数据安全、防止恶意攻击（如WannaCry）、黑客攻击、FOTA和安全生命周期管理的物联网解决方案受益。然而，对这种解决方案的需求是基于要求、预算和利益相关者的需求。对于医疗保健物联网系统，大量的异质设备从内部网络和外部病人网络加入。在设计安全解决方案时，必须考虑到这种网络对健康数据隐私的威胁，以及安全措施失败的后果，如死亡、敲诈和经济损失。

雾或边缘计算

具有雾层的物联网系统用于监测病人健康。在一个三层医疗物联网系统中：

（1）设备层，物理设备，如可穿戴设备、植入设备和其他监测设备被连接到一个微型无线模块，以收集环境中的每一个医疗数据。

（2）雾层，由相互连接的智能网关组成。该层允许物联网网络为互连的子网络托管一个本地存储库，并为边缘节点提供智能。智能网关接收来自子网络的数据，进行协议转换，并提供更高层次的服务。

（3）云层，包括大数据分析服务器和数据仓库，以及一个定期与医院数据库同步的远程医疗服务器。

基于区域的物联网架构

微软提出了一种基于分段的威胁建模方法，为HIoT设计了优化的安全架构。该架构被划分为设备区、现场门路区、云网关区和服务区。每个区域往往有自己的数据和认证及授权要求。区域也可以用来隔离损害，限制低信任度区域对高信任度区域的影响。

经验教训与建议的架构

标准的物联网框架（如微软和亚马逊网络服务（AWS）开发的框架）可以现成使用，并进行有限的调整以适应HIoT的监测需求，同时确保信息管理和标准得到彻底遵循。这包括基于订阅并集中托管的 SaaS（软件即服务）、用于与外部合作伙伴协作的 PaaS（平台即服务）、用于提供云计算基础设施的 IaaS（基础设施即服务），以及以按需服务的方式提供的云计算基础设施，如服务器、存储、网络和操作系统。另一方面，为保证HIoT的安全和隐私，可以整合定制的物联网框架，为医疗监控系统提供更灵活的物联网解决方案。

如上所述，HIoT监控系统架构可以从图3中描述的基于分区的架构中受益，该架构可以隔离安全问题，如运行中的软件和恶意攻击，使其不扩散到整个网络，因为每个区都有自己的反安全措施，以应对STRIDE——欺骗、篡改、复制、信息泄露、拒绝服务和授权提升。每个区的组件和过渡期间的数据可能会受到STRIDE的影响。最好是实施上一节中列出的改进的物联网端到端安全解决方案。此外，可以建立一个雾层，以利用所需的重量级安全功能，在设备区和现场网关区之间，以及现场网关区和云网关区之间适当地使用。前面的解决方案中描述的使用生物识别数据的端到端加密可用于确保数据的安全，并在数据处于静止、处理或传输时保护隐私。如上一节所述，可以在设备层面上采用轻量的ML来检测异常情况。实施安全解决方案的另一种方式是通过实施SDN并考虑PbD。然而，SDN被认为是不成熟的，需要进一步研究。在云网关区可以采用需要更高的计算能力的区块链机制，以确保静态大数据的安全性。

未来研究方向与结论

HIoT是一个关键的物联网应用，涉及数万亿的生命、设备以及数据与网络的安全及隐私。它是一个数百万的产业，在为经济做出贡献的同时，也可以节省数百万的资金。在研究HIoT的安全和隐私解决方案的同时，通过在HIoT中采用安全和隐私，并改善HIoT范式，将开放的研究领域作为未来的方向是至关重要的。

（1）敏感数据管理不善，没有合适的策略以使用适当的传感器收集信息。此外，可以使用同态加密法对加密数据进行计算操作。

（2）命名和身份管理——由于物联网应用和涉及的设备不断增加，为每个设备分配独特的标识符是一个挑战。目前，IPv4和IPv6被用于HIoT网络设备。然而，医疗保健和其他行业的物联网设备的指数级增长将给定义唯一的标识符带来挑战。

（3）信任管理和政策是另一个需要敏锐洞察的话题。患者的敏感数据和个人数据必须通过安全渠道加以保护。

（4）实时传输和处理来自HIoT设备的大数据是物联网专家遇到的另一个挑战。

（5）尽管如此，智能机器学习算法提供了增强的安全和隐私解决方案。然而，由于资源有限的设备配置，在物联网设备上实施它们面临挑战。

致谢

Muhammad Khurram Khan得到沙特国王大学研究

关于作者

Sivanarayani M Karunarathne 英国Crawley的Elekta公司运营与平台工程师。在英国伯恩茅斯大学获得物联网与数据分析的硕士学位。联系方式：nara_cha@ymail.com。

Neetesh Saxena 英国卡迪夫大学助理教授，领导网络和关键信息结构安全（CyCIS）实验室。在加入卡迪夫大学之前，曾在英国的伯恩茅斯大学担任助理教授，在美国的乔治亚理工学院和美国的石溪大学及纽约州立大学韩国分校担任研究员。在印度理工学院印多尔分校获得博士学位。在国际同行评审的期刊和会议上发表了多篇论文。研究兴趣包括基础设施安全、智能电网、医疗保健和物联网安全。曾是DAAD和TCS的研究员，目前是IEEE高级会员和ACM会员。本文通讯作者。联系方式：nsaxena@ieee.org。

Muhammad Khurram Khan 沙特国王大学卓越信息保障中心的网络安全教授。全球网络研究基金会（http://www.gfcyber.org）创始人和首席执行官，该基金会是位于美国华盛顿特区的独立和无党派的网络安全智囊团。*Telecommunication Systems*主编，多个期刊的编委会成员，包括*IEEE Communications Surveys & Tutorials*, *IEEE Communications Magazine*, *IEEE Inter-net of Things Journal*, *IEEE Transactions on Consumer Electronics*, *Journal of Network & Computer Applications (Elsevier)*, *IEEE Access*, *IEEE Consumer Electronics Magazine*, *PLOS ONE*, *Electronic Commerce Research*。在国际知名期刊和会议上发表380多篇论文。十项美国/PCT专利的发明人，编辑了十本由Springer-Verlag, Taylor & Francis和IEEE出版的书籍/论文。研究兴趣包括网络安全、数字认证、物联网安全、生物识别、多媒体安全、云计算安全、网络政策和技术创新管理。IET（英国）研究员、BCS（英国）研究员，以及FTRA（韩国）研究员。IEEE通信协会沙特分会副主席。IEEE杰出讲师。联系方式：mkhurram@ksu.edu.sa。

人员支持，项目编号（RSP-2020/12）。

参考文献

[1] Y. A. Qadri, A. Nauman, Y. Bin Zikria, A. V. Vasilakos, and S. W. Kim, "The future of healthcare Internet of Things: A survey of emerging technologies," *IEEE Commun. Surv. Tut.*, vol. 22, no. 2, pp. 1121–1167, Apr.–Jun. 2020.

[2] A. Networks, "IoT heading for mass adoption by 2019 driven by better-than-expected business results," arubanetworks.com, 2017. Accessed: Jul. 28, 2020. [Online]. Available: https://news.arubanetworks.com/ press-release/ arubanetworks/iot-heading-mass- adoption-2019-driven-better-expected-business-results.

[3] P. A. H. Williams and V. McCauley, "Always connected: The security challenges of the healthcare Internet of Things," in *Proc. IEEE 3rd World Forum Internet Things*, 2017, pp. 30–35.

[4] FDA, "Content of premarket submissions for management of cybersecurity in medical devices," FDA-2013-D-0616, p. 6, 2018.

[5] M. Burhan, R. A. Rehman, B. Khan, and B. S. Kim, "IoT elements, layered architectures and security issues: A comprehensive survey," *Sensors (Switzerland)*, vol. 18, no. 9, pp. 1–37, 2018.

[6] A. M. Rahmani et al., "Exploiting smart e-Health gateways at

the edge of healthcare Internet-of-Things: A fog computing approach," *Futur. Gener. Comput. Syst.*, vol. 78, no. February, pp. 641–658, 2018.

[7] OWASP. "OWASP Internet of Things Project - OWASP," 2018, 2019. Accessed: Jul. 31, 2020. [Online]. Available: https://wiki.owasp.org/index.php/OWASP_Internet_of_Things_Project.

[8] M. J. McGrath, C. N. Scanaill, "Regulations and standards: Considerations for sensor technologies," in *Sensor Technologies*. Apress, 2013, pp. 115–135.

[9] Nanolock, "NanoLock Security," nanolock.com, 2020. Accessed: Jul. 31, 2020. [Online]. Available: https:// www.nanolocksecurity.com/solution/.

[10] M. A. Sahi et al., "Privacy preservation in e-Healthcare environments: State of the art and future directions," *IEEE Access*, vol. 6, pp. 464–478, 2017.

[11] M. Wazid, A. K. Das, N. Kumar, and A. V. Vasilakos, "Design of secure key management and user authentication scheme for fog computing services," *Futur. Gener. Comput. Syst.*, vol. 91, pp. 475–492, 2019.

[12] M. Wazid, A. K. Das, N. Kumar, M. Conti, and A. V. Vasilakos, "A novel authentication and key agreement scheme for implantable medical devices deployment," *IEEE J. Biomed. Heal. Inf.*, vol. 22, no. 4, pp. 1299–1300, Jul. 2018.

[13] S. Challa et al., "An efficient ECC-based provably secure three-factor user authentication and key agreement protocol for wireless healthcare sensor networks," *Comput. Elect. Eng.*, vol. 69, pp. 534–554, 2018.

[14] S. Challa, A. K. Das, P. Gope, N. Kumar, F. Wu, and A. V. Vasilakos, "Design and analysis of authenticated key agreement scheme in cloud-assisted cyber–physical systems," *Futur. Gener. Comput. Syst.*, vol. 108, pp. 1267–1286, 2020.

[15] M. Wazid, A. K. Das, V. Bhat K, and A. V. Vasilakos, "LAM-CIoT: Lightweight authentication mechanism in cloud-based IoT environment," *J. Netw. Comput. Appl.*, vol. 150, May 2019, 2020, Art. no. 102496.

[16] Y. Yang, X. Liu, R. H. Deng, and Y. Li, "Lightweight sharable and traceable secure mobile health system," *IEEE Trans. Dependable Secur. Comput.*, vol. 17, no. 1, pp. 78–91, Jan./Feb. 2020.

[17] P. Porambage, M. Ylianttila, C. Schmitt, P. Kumar, A. Gurtov, and A. V. Vasilakos, "The quest for privacy in the Internet of Things," *IEEE Cloud Comput.*, vol. 3, no. 2, pp. 36–45, Mar./Apr. 2016.

[18] Y. Yang, X. Zheng, W. Guo, X. Liu, and V. Chang, "Privacy-preserving smart IoT-based healthcare big data storage and self-adaptive access control system," *Inf. Sci.*, vol. 479, pp. 567–592, 2019.

[19] S. R. Moosavi, E. Nigussie, M. Levorato, S. Virtanen, and J. Isoaho, "Performance analysis of end-to-end security schemes in healthcare IoT," *Proc. Comput. Sci.*, vol. 130, pp. 432–439, 2018.

[20] F. Hussain, R. Hussain, S. A. Hassan, and E. Hossain, "Machine learning in IoT security: Current solutions and future challenges," *IEEE Commun. Surv. Tuts.*, vol. 22, no. 3, pp. 1686–1721, Jul.–Sep. 2020.

（本文内容来自 IEEE Internet Computing, Jul./Aug. 2021） Internet Computing

使用 Jupyter 进行可复现的科学工作流程

文 | Marijan Beg　英国南安普顿大学工程与物理科学学院
Juliette Taka　Logilab
Thomas Kluyver　德国 European XFEL
Alexander Konovalov　英国圣安德鲁斯大学计算机科学学院
Min Ragan-Kelley　挪威 Simula 研究实验室
Nicolas M. Thiéry　法国巴黎萨克雷大学计算机科学研究实验室
Hans Fangohr　德国马克斯普朗克物质结构与动力学研究所
译 | 叶帅

文学化计算已成为计算研究和开放的科学的重要工具，关于最佳实践的民间传说也越来越多。在这项工作中，我们报告了两个案例研究：一个是计算磁学，另一个是计算数学，其中特定领域的软件暴露于 Jupyter 环境。这实现了对模拟和计算的高级控制、计算结果的交互式探索、对 HPC 资源的分批处理，以及 Jupyter Notebook 中可复现的工作流文档。在第一项研究中，Ubermag 通过嵌入在 Python 中的特定领域语言来驱动现有的计算微磁软件。在第二项研究中，专用的 Jupyter 内核与用于计算离散代数的 GAP 系统及其专用编程语言相连接。根据这些案例研究，我们讨论了这种方法的好处，包括在实现更具可重复性和可重用性的研究结果和输出方面取得的进展，特别是通过使用 JupyterHub 和 Binder 等基础设施。

研究通常的结果是一份出版物，其中会提出和分享所获得的发现和结论。一个出版物要在科学上有效，就必须严格地呈现方法论，以便读者可以按照“食谱”重现结果。如果满足此标准，则该出版物被认为是可复现的。可复现的出版物更容易重复使用，因此提供了一个重要的机会，使研究（通常是纳税人资助）更具影响力。然而，计算工作的可复现性通常因为缺乏数据或 n 元数据或缺乏程序和所使用的工具的详细资料而受到阻碍。

（1）所用软件的源代码不可获得。

（2）没有显示有关计算环境的信息，例如硬件、操作系统、支持库和（如果需要）代码编译细节。

（3）出版物中报告产生结果的确切程序未共享。这应该包括使用的参数集、模拟和数据分析程序，以及任何额外的数据清理、处理和可视化。理想情况下，这些作为开源代码和分析脚本共享，用于执行模拟以及读取、分析和可视化结果数据。这样，整个过程可以通过重新运行模拟和分析脚本来重复。一份人类可读的详细说明所采取的计算步骤的文档，尽管"总比没有好"，但仍不足以确保可复现性，并且在计算研究期间保留所有步骤的详细日志通常是不可能的。

复现性是一个具有挑战性的问题，涉及一系列不同的主题。在这项工作中，我们专注于其中之一。我们描述了Jupyter环境的特性和功能，在我们看来，这些特性和功能使其成为计算科学和数学的高效环境，同时促进了可复现性。

按位可复现性的主题超出了这项工作的范围：即使使用相同的硬件和相同的软件，也可能难以将计算结果复现为按位相同。这可能源于非关联性的浮点运算与并行执行相结合或来自编译器优化。并不总是需要实现按位复现性。

可复现性是一个具有挑战性的问题，涉及一系列不同的主题

在过去的十年中，文学化计算已经成为计算研究和开放科学的重要工具，并且最佳实践具有不断增长的趋势。在本文中，我们将在两个案例（计算磁学和数学）研究的背景下回顾和扩展其中的一些最佳实践。这是以在这些领域启用和应用Jupyter环境作为OpenDreamKit(https://opendreamkit.org/)项目的一部分的经验作为基础。

为了能够在Jupyter环境中运行计算研究，必须将模拟和/或分析代码暴露给Jupyter支持的通用编程语言，或者为计算库提供专用的Jupyter内核。尽管这项工作的主要主题是概述Jupyter环境的可复现工作流程的特性和功能，但我们首先讨论如何将计算库作为必要的先决条件暴露给Jupyter。

先决条件：将计算库暴露在Jupyter环境中

计算研究通常使用现有的计算工具。这些可以是从命令行调用的可执行文件或在编程语言中使用的库。对于此处的建议方法，科学家需要能够通过Jupyter支持的通用编程语言（如Python）访问这些计算工具。对于某些领域，例如纯数学研究，有足够强大的领域特定语言可以直接用作Notebook中的编程语言（如Singular和GAP）。在其他领域，将计算工具暴露给通用编程语言是将它们集成到研究人员的自定义代码中的关键。使用通用编程语言提供计算工具的一个主要好处是可以使该语言提供的控制结构灵活地被驱动计算。例如，可以通过for循环方便地使用一系列参数重复模拟，而不必为每个值更改配置文件并手动触发模拟的执行。

通过Jupyter内核（如Python）支持的通用编程语言提供计算能力可能是微不足道的——例如，如果所需的代码已经是Python库。当计算功能锁定在可执行文件中时，可以创建一个接口层，以便可以通过Python函数或类访问功能[1]：输入参数将被转换为配置文件，调用可执行文件，检索输出，最后结果返回。

如果计算工具使用Jupyter不支持的编程语言，另一种可能性是为该语言实现一个Jupyter内核，以便计

算库可以暴露给Jupyter环境（如对GAP和SageMath所做的）。

随着时间的推移，科学界倾向于积累和被重复使用的函数和类，偶尔通过这些计算能力的有机变化或系统重组，创造一种特定领域的语言，它嵌入在通用编程语言中，如Python。根据该语言的设计，它的存在和该领域研究人员的共同使用可以帮助统一和改进科学界中的计算任务，避免重复工作，支持知识转移和可重复性。此类特定领域语言的例子包括磁学中的Ubermag、纯数学中的SageMath，以及化学中的原子模拟环境[2]。

Jupyter研究环境的特点

Project Jupyter是一组开源软件项目，用于IPython中出现的交互式和探索性计算。Jupyter提供的核心组件是Jupyter Notebook——基于Web的交互式计算平台。它允许用户创建数据和代码驱动的叙述，结合实时（可重复执行）代码、方程、叙述文本、交互式仪表板和其他多元媒体。Jupyter Notebook文档提供了完整且可执行的计算记录，能以前所未有的方式与他人共享[3]。在Jupyter Notebook中，Python中所有可用的库都可以灵活地导入和组合。通过其他Jupyter Notebook内核支持其他语言（如Julia、R、Haskell、Bash等）。在这项工作中，我们建议使用Jupyter研究环境，从中可以有效地驱动和进行计算研究。在本节中，我们将讨论使用Jupyter环境进行可复现的科学工作流程的好处。

一个研究一个文档

Notebook允许我们在一个Notebook中进行整个研究，并提供完整且可执行的过程记录。可以将结果的解释放入同一个文档中，紧随其后的是需要描述的图形、表格或基于文本的输出。“一个研究一个文档”的方法具有直接的优势。

（1）科学家可以提高效率，因为他们在尝试理解数据和撰写相关论文时不必搜索研究的各个部分（脚本、数据文件、图）。

（2）该研究更容易复现（见下文）。

但是将所有代码、数据和叙述放在一个Notebook中可能会大幅影响Notebook的可读性。因此，有必要决定代码的哪些部分应该在库中并导入到Notebook中。

易于共享

Jupyter Notebook可以转换为其他文件格式，如HTML、LaTeX和PDF。这很实用，因为使用Notebook的人可以与协作者、主管或管理人员共享它，但是他们无需安装任何其他软件。

交互式执行或作为批处理作业

使用Jupyter Notebook通常涉及交互式编辑、执行单元格、检查计算输出、修改命令和重新执行，同时理解计算研究问题。一旦找到有用的处理序列，研究人员通常希望重复该过程，可能会使用不同的输入数据。对于这种情况，可以从命令行（使用nbconvert工具）执行Notebook，将Notebook视为脚本或批处理作业。当Notebook在批处理模式下执行时，它计算输出单元，包括图像和其他多媒体，就好像它是交互式执行的一样，并将输出存储到Notebook文件中以供日后分析和检查。将Notebook作为脚本执行是一种使用高性能计算设施的便捷方法，其中此类Notebook作业可以提交到批处理队列。

在需要改变输入数据的情况下，有以下两种解决方案可用：nbparameterise和papermill。使用这些工具，可以在Notebook作为脚本执行之前修改Notebook第一个单元格中的赋值。

静态和交互式软件文档编写

研究软件文档是学术界的一项特殊挑战。小团队可能会认为不需要记录他们的研究代码，因为他们可以从彼此那里直接学习。

Jupyter Notebook提供了一种创建文档的有效方法。流行的Sphinx文档软件可以使用Jupyter Notebook作为带有nbsphinx插件的文档源，并创建HTML和PDF文档。在Notebook中编写的演示和教程可以补充Sphinx中的默认reStructuredText输入格式的参考文档。Notebook对于文档中的扩展示例有几个好处：

（1）创建文档所需的时间更少，因为作者可以在同一个文档中输入命令和解释，并且命令产生的输出（文本和图像）会立即出现在Notebook中。

（2）更改用户界面或计算算法后，重新执行文档Notebook通常会显示文档需要更改的地方。

（3）nbval等工具可以自动重新执行Notebook并在执行失败或计算输出发生更改时引发测试错误。这意味着持续集成可用于检查文档并在代码更改影响所示行为时警告开发人员。

（4）使用Binder，用户可以交互地执行文档Notebook。

云端可执行的交互式文档（Binder）

开源的Binder项目[4]和Binder实例（如myBinder）在云端按需提供定制的计算环境，Notebook可以在其中交互式地执行。为享受免费的myBinder服务，需要创建一个公开可读的git存储库，其中包含Jupyter Notebook和执行这些Notebook所需的软件规范。此规范遵循现有标准，例如Python样式的requirements.txt文件、condaenvironment.yml文件或Dockerfile。当请求包含GitHub存储库路径的URL时，将调用myBinder服务。myBinder服务在该存储库中搜索软件规范，创建合适的容器，将Jupyter服务器添加到容器，并将该服务器公开给用户。图1提供了在研究工作流程中使用Binder的典型场景的艺术图解。其他用例包括以下内容：

（1）为研讨会或教学目的提供计算环境：参与者获得调用服务的URL，并呈现Jupyter会话，他们在其中找到演示者/教师准备的Notebook。参与者不需要安装软件（除了拥有现代网络浏览器）。

（2）提供交互式文档：鉴于与Binder兼容的规范，文档可以通过myBinder呈现为可执行的Notebook，允许阅读文档的人以交互方式探索软件行为，例如，通过重复修改和执行作为文档一部分提供的命令。

（3）展示和传播小型计算研究：Jupyter Notebook可用于记录计算过程。例如，为了传播或证明可重复性，我们将在下一节中解释。

相关的Voila项目可以执行Notebook（如在myBinder上）并隐藏所有代码单元格，从而创建一个交互式仪表板，无需源代码即可显示和探索数据。

复现性——结合数据、代码和软件环境

科学结果的复现性是我们解释科学的基石：只有可以复现的结果才能被认为是经过验证的见解。我们看到了一种新兴趋势，即期刊和研究委员会越来越多地（且有理由地）询问如何复制已发表结果的详细信

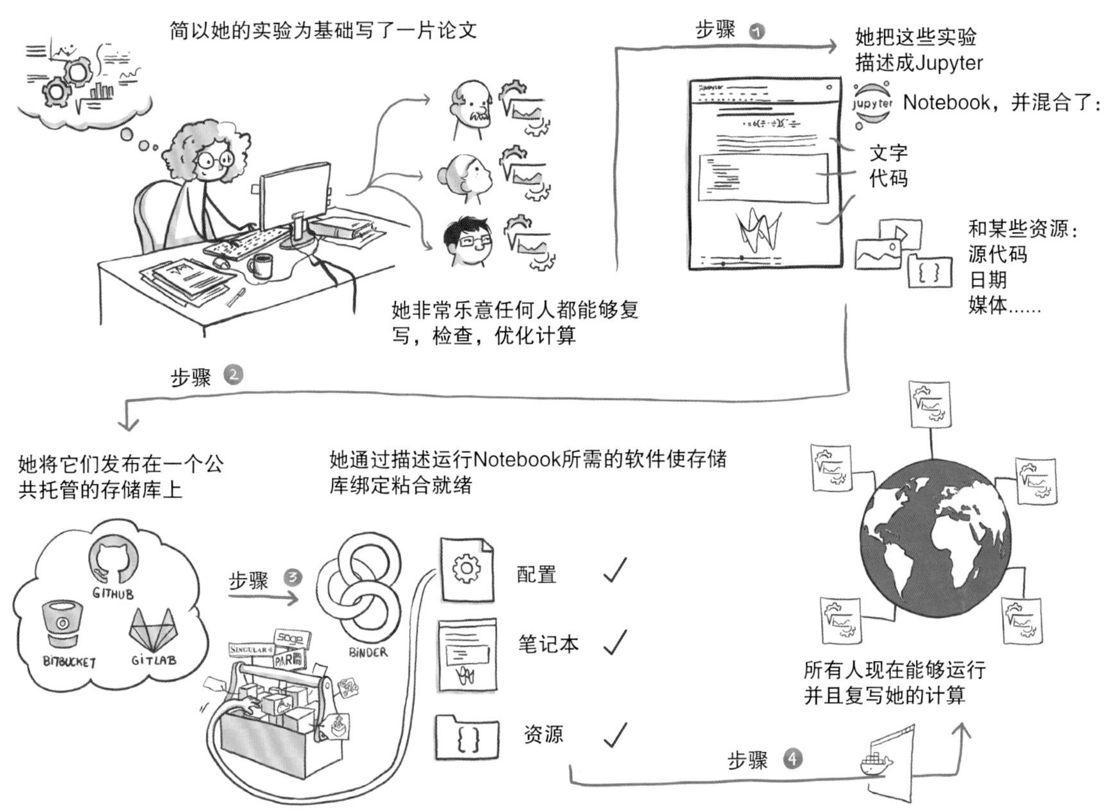

图1　研究人员与Jupyter中的其他人共享计算工作流程的场景的艺术描绘环境，利用 Binder项目。根据“知识共享署名-相同方式共享4.0国际”获得许可——Juliette Taka和Nicolas M. Thiéry。出版可复制的日志图解。DOI：10.5281/zenodo. 4421040 (2018)

息，或者至少希望作者在读者需求时提供该信息。

通常不可能在传统的手稿提交中真正记录整个计算工作流程、软件要求、使用的硬件和其他参数。基于Jupyter的研究环境可以提供帮助，因为它可以轻松发布可复现计算结果的过程：

（1）“一个文档一个研究”模型自动记录所有参数、处理命令和输出以及演示使用Notebook获得结果的过程。通过在公共存储库中共享Notebook，可以通过Zenodo对 DOI赋值以永久保存存储库的内容并使其可引用。

（2）创建中心数据和出版物陈述的Notebook可能需要基础库。为了重新执行Notebook，我们需要一种方法来指定包含这些库的计算环境，而Binder提供了这种可能性。虽然建议指定底层库的确切版本，但Binder不保证这会使未来任何时候的计算环境相同，因此它不能完全解决所谓的软件崩溃问题，即底层库和接口被弃用，编译器和编译器优化方法发生变化等。

（3）通过在开放存储库中发布重现中心结果的Notebook以及Binder的软件环境规范，任何有Internet访问权限和浏览器的人都可以检查和重新执行这些Notebook，并且复现该出版物。

能以这种方式复现出版物的一个主要好处是可以轻松修改和拓展研究：可复现性实现可重用性。这可以提高整个科学的效率，因为它使科学家能够专注于新的见解，而不必花时间重新创造已知的知识作为他们新研究的起点。

远程访问机构计算资源——JupyterHub

上面提到的讨论假设Notebook在用户的计算机上运行。JupyterHub软件允许机构提供Jupyter Notebook服务。它允许机构的用户使用他们的组织凭据进行身份验证并访问在机构基础设施上运行的Jupyter环境。通常任何允许用户访问的文件和文件夹也将通过JupyterHub提供给他们，包括访问共享数据和他们可以保存Notebook的文件夹。

机构通常预先定义Notebook服务器在其中执行的软件环境。但是该技术可以像Binder一样使用软件规范来按需创建定制的计算环境。用户体验的一个关键点是只需要一个Web浏览器就可以访问JupyterHub并远程使用这些资源执行计算工作。图2展示了一个场景的艺术图解，其中教师与他们的机构合作为学生提供定制的软件环境。JupyterHub安装的其他用例包括研究机构和大学通过Jupyter Notebook提供对其（高性能）计算资源的访问，传统上可能会使用ssh或远程桌面。

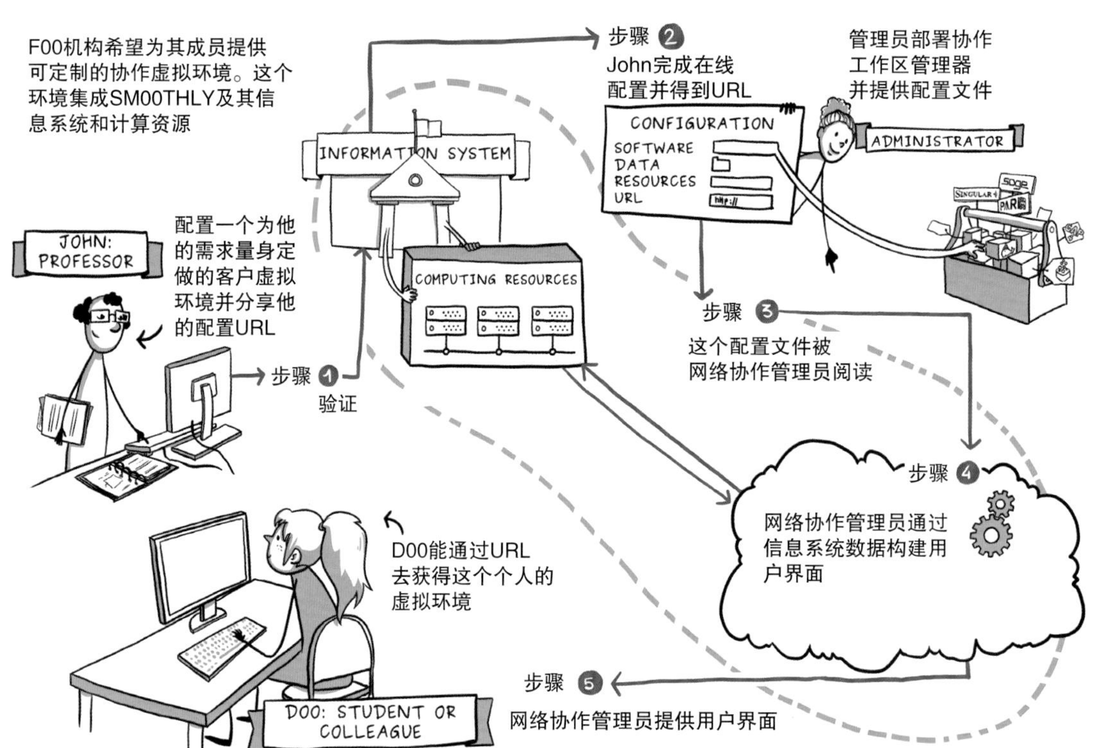

图2　可配置JupyterHub的艺术插图，其中讲师提供定制的软件环境来支持他们的教学。JupyterHub可以通过网络浏览器访问和使用，不需要在本地安装任何软件。使用机构计算和存储资源，用户必须对自己进行身份验证。根据“知识共享署名-相同方式共享 4.0 国际”获得许可——Juliette Taka和Nicolas M. Thiéry。按需可定制虚拟环境的JupyterHub解释漫画。DOI：10.5281/zenodo.4432267 (2019)

混合脚本和GUI驱动的探索方法

IpyWidgets Jupyter扩展为Jupyter Notebook提供选择菜单、滑块、单选按钮和其他类似GUI的图形交互小部件。Notebook允许在Notebook内嵌入此类图形小部件，并且用户可以在需要时将通常的脚本分析与激活此类小部件结合起来。例如，它们可用于改变输入参数值并探索数据集或计算结果。尽管比输入命令的可复现性低，但小部件对于不同可能性的快速反馈非常有用。

潜在的缺点

上面我们重点介绍了Jupyter研究环境的特性和功能，以支持科学中的计算工作流程。在此我们想讨论在我们的工作中或作为我们基于Jupyter开发的计算工具的用户反馈中出现的一些缺点。

未定义的Notebook状态

Notebook中单元格的自上而下排列意味着它们应该按该顺序执行。Jupyter Notebook的关键特性之一是代码单元格可以以任意顺序执行——用户可以选择（和修改）任何单元格，然后执行它。这在探索数据集或计算属性时非常有用，甚至可以用于调试单元的代码。保存Notebook时，不会存储Notebook中使用的执行顺序。因此，重要的是要记住，通过不按顺序执行单元格，我们可能会创建与按顺序执行所有单元格时不同的结果。对此有一个实用的解决方案。当探索阶段完成后，最佳做法是重启内核以确保Notebook的状态被遗忘，然后从上到下执行所有单元。这确保了Notebook中的结果是通过按顺序运行单元格获得的，并且应该保存和共享此版本的Notebook。

打开 Jupyter Notebook

我们从一些第一次接触Jupyter Notebook的用户那里得到的反馈是，Jupyter服务器的启动方式很“奇怪”。不习惯命令提示符的用户可能会发现以这种方式打开应用程序而不是“双击”是不寻常的。

Jupyter生态系统快速发展

Jupyter项目和周围软件生态系统的改进速度很快。例如，对于上述问题，已经出现了提供解决方案的贡献，这里没有空间介绍更多已经创建的众多高生产力工具。跟踪所有发展并为给定任务找到最合适的工具具有挑战性。诸如JupyterCon之类的会议有助于传播新的贡献并有助于避免重复的开发工作。

Mybinder.org的可持续性

自2016年（以及撰写本文时）以来，Binder联盟在Mybinder.org上提供服务。该联盟由Jupyter团队与图灵研究所和GESIS（莱布尼茨社会科学研究所）合作运营。计算资源由Google Cloud、OVH Cloud、图灵研究所和GESIS赞助。该联盟在一个典型的工作日为大约25 000个Binder实例提供服务，其中Google Cloud提供了大约70%的流量。这些赞助大多每年更新一次，可能会导致联盟成员因没有资金而停止运营。我们希望更多财务稳定的成员加入，这样Binder联盟的可持续性将得到改善。

实例探究

计算磁学

计算磁学补充了理论和实验方法，以支持磁学研究。例如，它可以用于开发传感器以及数据存储和信息处理设备。它在学术界和工业界都被用于解释实验观察、设计实验、虚拟改进设备和产品设计以及验证理论预测。

面向对象的微磁框架(OOMMF)[5]是一种微磁模拟工具，最初于1990年由美国国家标准与技术研究院(NIST)开发。它使用有限差分方法求解非线性瞬态偏微分方程。它可能是计算磁学社区中使用最广泛、最值得信赖的仿真工具。它是用C++编写的，用Tcl包装，并通过遵循Tcl语法的配置文件驱动。

用户模拟特定问题必须遵循的典型计算工作流程是编写配置文件。之后，用户通过向OOMMF可执行文件提供配置文件来运行OOMMF。OOMMF运行完成后，结果将以OOMMF特定的文件格式保存。最后，用户分析结果文件。

计算微磁研究的具体目标之一是参数空间探索。更准确地说，用户通过在配置文件中更改输入参数的不同值来重复模拟。这通常很难自动化，而且用户很难记录整个微磁研究中执行的所有步骤。此外，结果的后处理和分析在OOMMF之外执行，使用主要由用户开发或手动执行的技术和脚本。因此，很难跟踪、记录和传达准确的模拟过程。没有这些信息，产生的出版物通常是不可复现的。

我们开发了一组我们称为 UBERMAG 的 Python 库，它展示了 OOMMF 的计算能力，以便它可以从 Python 中进行控制

为了解决这种情况，我们开发了OOMMF可执行文件的Python接口。这使我们能够在Jupyter Notebook内进行计算磁模拟，以利用这种环境的优势。

我们开发了一组我们称为Ubermag的Python库，它展示了OOMMF的计算能力，以便它可以从Python中进行控制。这些Python库提供了定义微磁问题的特定领域语言[1]。使用特定领域语言定义的微磁模型不知道将执行实际微磁模拟的特定模拟工具，它仅用于描述模型。当需要模拟时，模型被转换为OOMMF配置文件，调用OOMMF可执行文件，并读取输出文件。通过将微磁模拟功能暴露给Python并从Jupyter Notebook推动研究，我们可以获得Jupyter研究环境的所有好处。

为了演示Ubermag的使用，我们以标准问题3为例。标准问题3是由微磁社区提出的计算问题，用于测试、验证和比较不同的模拟工具。它描述了一个边长为L的磁性立方体，具有两种不同的磁化状态，可以作为局部能量最小值出现，称为花态和涡旋态。标准问题3的主要问题是“对于什么边长L，花态和涡旋态具有相同的能量？”

在传统的OOMMF工作流程中，需要针对不同的边缘长度和不同的初始磁化状态运行微磁模拟。每次模拟后，总能量被记录并保存在一个由制表符分隔的数据文件中。最后，从所有保存的文件中提取磁能值，并将它们绘制为两种磁化状态的边缘长度的函数。从图中，可以估计能量交叉。

通过使用集成到Jupyter Notebook中的OOMMF的Python接口，我们可以循环遍历不同的输入参数以获得图中的这种交叉。此外，我们可以利用Python科学堆栈，特别是一种寻根方法，例如scipy的bisect。解决标准问题3的Jupyter Notebook可以在此工作附带的存储库中找到[M.贝格等使用Jupyter进行可复现的科学工作流程。GitHub：https://github.com/marijanbeg/2021-paper-jupyterreproducible-workflows，DOI：10.5281/zenodo.4382225(2021)]。我们在图3中展示了Jupyter Notebook中两个最相关的代码单元。

Ubermag和Jupyter环境简化了使计算磁性出版物可复现的工作。对于出版物中的每个图，可以提供一个Notebook（在Beg等的论文中找到示例[6,7]）。通过使用Binder，社区可以检查和重新运行云中的所有计算并重现发布结果。

数学研究中的计算研究

许多领先的开源数学软件系统（包括GAP、LinBox、PARI/GP、OSCAR、SageMath和Singular）已通过定制或通用内核（C++、Python，Julia，...）与Jupyter生态系统实现了互操作。为了简单起见，我们关注其中一个系统，说明这如何支持共享和发布数学研究中的可重复计算研究以及基础研究代码。

GAP是离散计算代数的开源系统，特别强调计算群论。这些领域及其他领域的数学家经常使用它来支持教学和研究，特别是通过计算探索。它提供了一种特定于领域的语言（也称为GAP），以及一个带有命令行界面的运行时系统。它也可以被SageMath或OSCAR等其他系统用作库。

GAP已由研究人员、教师和研究软件工程师社区开发了数十年。它有一个用于用户贡献的扩展的既定机制，称为包，可以提交给系统重新分发，以及一个正式的裁判过程。GAP(4.11.0)的当前版本包括152个服务于不同目的的包，从提供数据库和扩展系统的测试和编写文档的基础设施，到添加新功能和共享研究代码以支持其作者的出版物。后一种情况可能需要使用GAP的数学家的特定专业知识和动力，并不是每个人都能够以这种方式分享他们的代码。此外，将论文的补充代码组织为新的GAP包并不总是合理的。相反，作者可以将Jupyter研究环境与GAP包的附加服务和部分基础设施相结合，以共享可重复的计算研究

Energy crossing

We can plot the energies of both vortex and flower states as a function of cube edge length L. This will give us an idea where the state transition occurrs. We can achieve that by simply looping over the edge lengths L of interest, computing the energy of both vortex and flower states, and finally, plotting the energy dependence.

In [6]:
```
L_array = np.linspace(8, 9, 5)
vortex_energies, flower_energies = [], []

for L in L_array:
    vortex = minimise_system_energy(L, m_init_vortex)
    flower = minimise_system_energy(L, m_init_flower)
    vortex_energies.append(vortex.table.data.tail(1)['E'][0])
    flower_energies.append(flower.table.data.tail(1)['E'][0])

import matplotlib.pyplot as plt
plt.figure(figsize=(6, 4))
plt.plot(L_array, vortex_energies, 'o-', label='vortex')
plt.plot(L_array, flower_energies, 'o-', label='flower')
plt.xlabel(r'$L (l_{ex}$)')
plt.ylabel(r'$E$ (J)')
plt.grid()
plt.legend();
```

```
L=    8.0, m_init_vortex Running OOMMF ... (2.2 s)
L=    8.0, m_init_flower Running OOMMF ... (1.1 s)
L=   8.25, m_init_vortex Running OOMMF ... (1.8 s)
L=   8.25, m_init_flower Running OOMMF ... (1.1 s)
L=    8.5, m_init_vortex Running OOMMF ... (1.7 s)
L=    8.5, m_init_flower Running OOMMF ... (1.1 s)
L=   8.75, m_init_vortex Running OOMMF ... (1.5 s)
L=   8.75, m_init_flower Running OOMMF ... (1.1 s)
L=    9.0, m_init_vortex Running OOMMF ... (1.5 s)
L=    9.0, m_init_flower Running OOMMF ... (1.1 s)
```

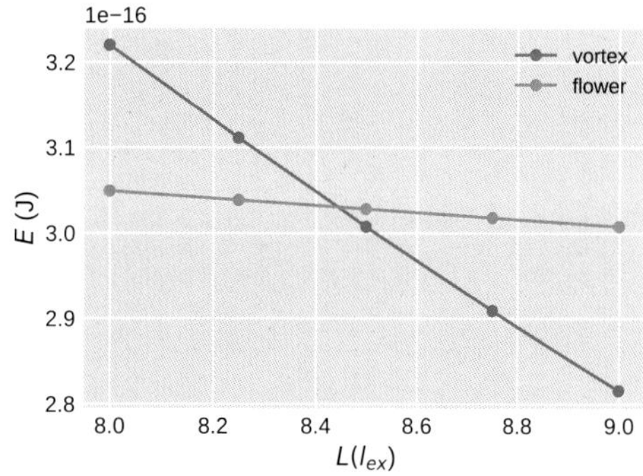

From the plot, we can see that the energy crossing occurrs between $8.4l_{ex}$ and $8.6l_{ex}$, so we can employ a root-finding (e.g. bisection) algorithm to find the exact crossing.

In [7]:
```
from scipy.optimize import bisect

def energy_difference(L):
    vortex = minimise_system_energy(L, m_init_vortex)
    flower = minimise_system_energy(L, m_init_flower)
    return (vortex.table.data.tail(1)['E'][0] -
            flower.table.data.tail(1)['E'][0])

cross_section = bisect(energy_difference, 8.4, 8.6, xtol=0.02)

print(f'\nThe energy crossing occurs at L = {cross_section}*lex'
```

```
L=    8.4, m_init_vortex Running OOMMF ... (1.7 s)
L=    8.4, m_init_flower Running OOMMF ... (1.1 s)
L=    8.6, m_init_vortex Running OOMMF ... (1.6 s)
L=    8.6, m_init_flower Running OOMMF ... (1.1 s)
L=    8.5, m_init_vortex Running OOMMF ... (1.7 s)
L=    8.5, m_init_flower Running OOMMF ... (1.1 s)
L=   8.45, m_init_vortex Running OOMMF ... (1.6 s)
L=   8.45, m_init_flower Running OOMMF ... (1.1 s)
L=  8.425, m_init_vortex Running OOMMF ... (1.8 s)
L=  8.425, m_init_flower Running OOMMF ... (1.2 s)
L= 8.4375, m_init_vortex Running OOMMF ... (1.6 s)
L= 8.4375, m_init_flower Running OOMMF ... (1.2 s)

The energy crossing occurs at L = 8.4375*lex
```

图3　在Jupyter Notebook中通过Python运行计算磁力模拟，允许使用Python科学堆栈，并产生结合叙述、代码和结果的独立记录

究，同时从一开始就遵循良好的代码开发实践。

让我们用Borovik和Yalçinkaya发表的论文来说明这一点[8]，该论文提出了一种用于解决计算群论中一个主要问题的多项式时间算法，该算法自1999[9]年以来一直保持开放。本文的一个重要补充是作者对算法的GAP实现。作者在公开托管的存储库中发布了此实现。这确保了通过Software Heritage项目的长期存档，并且通过一个小的额外步骤，就可以通过Zenodo引用。该存储库包含一个交互式叙述文档——一个使用GAPJupyter内核的Jupyter Notebook[10]——结合了文本、数学、输入和输出，甚至可以被视为幻灯片（当然，一个人可以为不同的目的拥有单独的Notebook）。

遵循组织可重复计算研究的最佳实践（参见Rule等的论文[11]），代码不是写在Notebook本身中，而是从外部源文件加载。这些是文本文件，可以通过版本控制轻松管理，从多个Jupyter Notebook重复使用，并使用GAP自动化测试设置进行测试。任何用户（如论文的读者或审稿人）都可以在Binder本身上运行Notebook并重现其执行，或者在他们自己的计算资源上使用额外的专业知识来安装所需的资产。为了实现这一点，作者遵循了Konovalov的模板[12]，还引入了持续集成，以根据GAP的几个过去、当前和开发版本自动检查代码，并生成关于测试如何彻底执行代码的覆盖率报告。归根结底就是使用测试文件创建一个tst目录，并分别为TravisCI和Codecov服务调整配置文件.travis.yml和.codecov.yml。

将Jupyter接口引入基于命令行的计算数学工具，使其可以与众多JavaScript库进行接口，尤其是用于可视化。例如，GAP包Francy和JupyterViz使用交互式小部件和绘图工具扩展了GAP Jupyter kernel[10]，可以从它们的Binder-ready存储库中试用。

结论

在本文中，我们讨论了计算科学和数学研究人员在日常工作中遇到的一些挑战。我们专注于使计算探索和工作流程更高效、可重现和可重用。我们通过展示计算磁性和计算数学用例来证明这种方法的好处。我们相信Jupyter项目及其生态系统，包括JupyterHub和Binder，允许基于浏览器的无安装使用Notebook和远程计算资源，可以为更高效的计算工作流程、可重复性和科学可重用性做出重大贡献。这些结论是计算社区研究人员提倡使用文学计算（如使用Jupyter）来增强可重复研究的普遍趋势的一部分。C

致谢

这项工作得到了Horizon 2020欧洲研究项目OpenDreamKit (676541)和PaNOSC (823852)的部分支持，部分由EPSRC计划根据Grant EP/ N032128/1的斯格明子电子学支持。

参考文献

[1] M. Beg, R. A. Pepper, and H. Fangohr, "User interfaces for computational science: A domain specific language for OOMMF embedded in Python," *AIP Adv.*, vol. 7, no. 5, 2017, Art. no. 056025, doi: 10.1063/1.4977225.

[2] A. H. Larsen et al., "The atomic simulation environment—a Python library for working with atoms," *J. Phys., Condens. Matter*, vol. 29, no. 27, 2017 Art. no. 273002, doi: 10.1088/1361-648X/aa680e.

[3] T. Kluyver et al., "Jupyter Notebooks—A publishing format for reproducible computational workflows," *Positioning and Power in Academic Publishing: Players, Agents and Agendas. Amsterdam*, The Netherlands: IOS Press, 2016, pp.

关于作者

Marijan Beg 英国南安普顿大学高级研究员。计算科学家，致力于计算磁学、开发模拟工具和探索磁性准粒子。获得博士学位后有获得复杂系统模拟学位，全职受雇于英国南安普顿大学和德国欧洲XFEL的OpenDreamKit Horizon2020项目。研究兴趣包括计算科学、计算磁学、数据科学、再现性、磁性斯格明子和布洛赫点。联系方式；m.beg@soton.ac.uk。

Juliette Taka UX设计师和Sketchnoter自由职业者。积极参与Debian社区。漫画艺术家，并在数字漫画行业工作。接受了艺术和科学培训，并于2016年获得了用户体验设计的工程学位。联系方式：juliettetaka.belin@gmail.com。

Thomas Kluyver 德国的EuropeanXFEL软件工程师。获得博士学位后于2013年获得英国谢菲尔德大学植物科学学位，参与了开源和科学计算生态系统的各个部分，包括Jupyter和IPython项目。联系方式：thomas.kluyver@xfel.eu。

Alexander Konovalov 2007年加入英国圣安德鲁斯大学圣安德鲁斯计算代数跨学科研究中心，参与了许多涉及GAP的EPSRC和欧盟资助的项目。2019年成为圣安德鲁斯大学计算机科学学院讲师。良好研究软件实践的热心倡导者，软件可持续性研究所研究员，木工讲师和培训师。获得博士学位以及乌克兰的纯数学学位，随后开始为开源数学软件系统GAP做出贡献。联系方式：alexander.konovalov@st-andrews.ac.uk。

Min Ragan-Kelley 挪威Simula研究实验室科学计算和数值分析系的高级研究工程师和负责人。2006年以来，一直是Jupyter和IPython核心团队的成员，2015年以来，一直在Simula工作。现在领导JupyterHub和Binder团队开发用于交互式计算和可重复研究的开源工具。作为一名物理学家，获得了博士学位。2013年在美国加州大学伯克利分校获得应用科学与技术学位。联系方式：benjaminrk@simula.no。

Nicolas M.Thiéry 2008年起在巴黎萨克雷大学担任计算机科学教授。曾是里昂大学和巴黎南部大学数学系的兼职教授。研究兴趣包括代数组合、代数计算和数学软件设计。自1994年以来一直是开源软件的推动者和开发者，为SageMath做出了核心贡献，领导了OpenDreamKit欧盟电子基础设施项目（2015-2019），最近加入了法国研究部的Comitepour la Science Ouverte。获得了博士学位。1999年获得数学和计算机科学学位。联系方式：Nicolas.Thiery@universite-paris-saclay.fr。

Hans Fangohr 英国南安普顿大学的计算建模教授。研究兴趣包括计算方法、数据分析、开放科学和再现性以及科学软件工程。创建并发起了nmag、ubermag和nbval等开源软件项目，并基于Jupyter Notebook撰写了一本关于Python的计算科学和工程介绍书。曾在德国Schenefeld的欧洲X射线自由电子激光研究机构（2017-2020年）领导数据分析，现在在德国汉堡的马克斯普朗克物质结构与动力学研究所领导计算科学小组。作为一名物理学家，获得了博士学位。2002年获得计算机科学学位，自2010年起担任正教授。联系方式：hans.fangohr@mpsd.mpg.de。

87–90, doi: 10.3233/978-1-61499- 649-1-87.

[4] Project Jupyter et al., “Binder 2.0—Reproducible, interactive, shareable environments for science at scale,” in *Proc. 17th Python Sci. Conf.*, 2018, pp. 113–120, doi: 10.25080/Majora-4af1f417-011.

[5] M. J. Donahue and D. G. Porter, “OOMMF User’s Guide, Version 1.0,” *Interagency Report NISTIR 6376 National Institute of Standards and Technology*, Gaithersburg, MD, USA, 1999. [Online]. Available: https://nvlpubs.nist. gov/nistpubs/Legacy/IR/nistir6376.pdf.

[6] M. Beg et al., “Stable and manipulable bloch point,” *Scientific Rep.*, vol. 9, no. 1, 2019, Art. no. 7959. Code Repository Reproducibility. [Online]. Available: https://github.com/marijanbeg/2019-paper-bloch-pointstability, doi: 10.1038/s41598-019-44462-2.

[7] M. Albert et al., “Frequency-based nanoparticle sensing over large field ranges using the ferromagnetic resonances of a magnetic nanodisc,” *Nanotechnology*, vol. 27, no. 45, 2016, Art. no. 455502. Code Repository Reproducibility.[Online]. Available:https://github.com/maxalbert/papersupplement-nanoparticle-sensing,doi: 10.1088/0957- 4484/27/45/455502.

[8] A. Borovik and S. Yalçinkaya, , “Adjoint representations of black box groups PSL2ðFqÞ,” *J. Algebra*, vol. 506, pp. 540–591, 2018, doi: 10.1016/j.jalgebra.2018.02.022.

[9] L. Babai and R. Beals, *Polynomial-Time Theory of Black Box Groups I*, (Ser. London Mathematical Society Lecture Note Series), Cambridge, U.K.: Cambridge Univ. Press, 1999, vol. 1. pp. 30–64, 1998. [Online]. Available:http://citeseerx.ist.psu.edu/viewdoc/summary?doi=10.1.1.156.4087

[10] M. Pfeiffer and M. Martins, “JupyterKernel, Version 1.3. Feb. 2019. [Online]. Available: https://gap-packages.github.io/JupyterKernel/ https://gap-packages.github. io/JupyterKernel/, GAP package.

[11] A. Rule et al., “Ten simple rules for writing and sharing computational analyses in jupyter Notebooks,” *PLOS Comput. Biol.*, vol. 15, no. 7, pp. 1–8, 2019, doi: 10.1371/journal.pcbi.1007007.

[12] A. Konovalov, “Template for Publishing Reproducible GAP Experiments in Jupyter Notebooks Runnable on Binder,” Feb. 2020, doi: 10.5281/zenodo.3662155.

（本文内容来自 Computing in Science & Engineering, Mar./Apr. 2021） Computing

HateClassify：社交媒体仇恨言论识别的服务框架

文 | Muhammad U. S. Khan，Assad Abbas，Attiqa Rehman 伊斯兰堡通信卫星大学
Raheel Nawaz 曼彻斯特城市大学
译 | 涂宇鸽

对现有的机器学习方法而言，区分仇恨内容与仅具一定冒犯性的内容无疑是一个挑战。现有方法将仇恨分类视为多类别问题（multiclass problem），这成为当前仇恨检测准确性较低的一个普遍原因。本文将社交媒体上的仇恨识别视为多标签问题（multilabel problem）。为此，我们提出了基于 CNN 的服务框架——“HateClassify”，用于标记社交媒体上的仇恨言论、冒犯性内容、非冒犯性内容。结果表明，基于 CNN，尤其是序列 CNN（sequential CNN，SCNN）的多类别区分法在准确率方面具有竞争力，其准确率甚至高于某些最先进的分类器。此外，在多标签分类问题中，相较其他基于 CNN 的技术，SCNN 也表现出了足够高的性能。结果表明，使用多标签区分代替多类别区分，仇恨言论检测的准确率提升了 20%。

社交媒体已成为分享情绪和感情的绝佳平台。然而，社交媒体的广泛使用也导致一些仇恨内容假借言论自由之名大肆传播。2014~2016 年间，社交媒体上的仇恨内容增加了约 900%（https://www.usatoday.com/story/news/2017/02/23/hate-groups-explode-social media/98284662/）。一份报告显示，73% 的互联网用户曾目睹网络骚扰，40% 的用户亲身经历过网络骚扰（https://www.pewresearch.org/internet/2014/10/22/online-harassment/）。欧洲委员会（Council of Europe）在《网络犯罪公约补充协定》中将“仇恨言论”定义为“散布、煽动、传播、正当化种族仇恨、仇外心理、反犹太主义或其他基于不容忍思想的仇恨言论，包括激进民族主义和种族中心主义，歧视和敌视少数族裔、移民、移民后裔等”。但是，根据第一修正案言论自由条款的相关内容，发布仇恨言论的行为在美国受到保护。谷歌、脸书、推特等在线社交媒体网站在区分仇恨言论方面各行其是。各大社交媒体在处理仇恨和冒犯性言论方面存在分歧。其中，推特是唯一不封禁仇恨言论的平台。它按仇恨言论和针对特

定对象的直接威胁进行分类，仅处理以针对他人为主要目的且被举报有“片面”行为的账户。尽管推特声称没有人可以凌驾于平台规定之上，但由于其规则设置过于模糊，外界批评并没有停息。截至2016年5月31日，脸书、推特、谷歌旗下的YouTube、微软已同意根据自愿原则清除平台上欧盟定义的仇恨内容。近来，脸书首席执行官就标记和识别仇恨言论/内容相关政策接受质询，再次引发大家对社交媒体仇恨言论问题的关注。该执行官认为，由于不同个体对仇恨内容的定义存在差异，当前脸书标记仇恨内容的方法无法有效、深入地识别不同强度的情绪。以往部分学者（如Del Vigna等[1]）将冒犯性和仇恨言论视为同一个问题。然而，Davidson等[2]认为，人们在日常生活中也经常使用极具冒犯性的词语，所以应当把仇恨言论与冒犯性言论区分开来。据此，仇恨言论分类问题应呈现为仇恨、冒犯性、非冒犯性言论的多类别问题。我们同意Davidson等[2]的言论分类。但是，我们将仇恨言论问题视为多标签问题，而不是多类别问题。冒犯性言论和仇恨言论之间存在非常细微的区别，这些区别甚至能让人类专家也感到困惑。因此，用一个标签框死它们是永远无法解决争论的。我们的研究结果表明，将它们呈现为多标签问题可以提高检测冒犯性和仇恨言论的准确性。本文结合众包（crowd-source）和机器学习技术，提出了名为HateClassify的服务框架，用于检测社交媒体平台中的冒犯性和仇恨言论。本文的主要贡献有：

（1）该框架可为社交媒体公司检测仇恨和冒犯性言论提供服务。

（2）与现有的由平台规定仇恨言论处理政策的模式相反，该框架采用众包法识别仇恨言论。

（3）仇恨言论检测问题呈现为多标签分类问题，达到了足够高的分类准确率。

（4）该框架使用多标签分类，将社交媒体上仇恨言论的检测准确率提高了20%。

本文结构如下：“相关工作”部分讨论了相关研究工作。“仇恨言论检测框架”部分介绍了我们的服务框架。“实验结果”部分比较了多类别区分、多标签区分、最先进方法的结果。“结论”部分总结本文内容。

相关工作

仇恨内容检测研究主要围绕寻找文本分类算法的最佳特征进行。多数研究使用的基本特征是n元语法（n-grams）和词袋模型（Bag-of-Words，BoW）。Warner 等[3]认为，针对不同群体的仇恨内容可以用一小组高频词来分类。Chen等[4]使用具有句法规则的n元语法，如用户的写作风格。Hosseinmardi等[5]使用搭配图像评论数量的n元语法。Waseem和Hovy结合推文长度、地理位置、性别信息、n元语法来检测仇恨言论[6]。用于查找仇恨内容的语法也备受研究人员关注。Van Hee等[7]结合情感特征、n元语法、BoW来研究和检测仇恨言论。Xu等[8]使用带有词性标注（Part-Of-Speech tagging，POS标注）的n元语法来研究社交媒体上的欺凌内容。Davidson等[2]使用了包括TF-IDF加权的一元词组、二元词组、三元词组，推文情感打分，主题标签数量，转推数，URL，每条推文的字符、单词、音节等内容的特征集。为解决检测过程中推文或评论文本长度过短导致的数据稀疏问题，许多研究人员利用了词泛化（word generalization）的概念。Warner和Hirschberg[3]利用布朗聚类（Brown Clustering）算法进行词泛化。布朗聚类将某个单词分配给一个特定集群，与之不同的是潜在狄利克雷分配

（latent Dirichlet allocation，LDA），LDA预测单词落在不同集群的概率。Xiang等[9]使用LDA进行词泛化。近来，研究人员为词泛化开发了几种分散式词表示，称为词嵌入（word embedding）。词嵌入可以输入大文本、开发词向量空间。词向量可让相似语境下的词在排列上更为接近。Zhong等[10]使用word2vec（一种词嵌入技术）、BoW、仇恨有效性打分来检测仇恨言论。Djuric等[11]基于BoW方法，研究出了另一种词嵌入技术Paragraph2vec，可用于检测仇恨言论。

分类方面，状态向量机（state vector machine）[3~5,7~9,12]和逻辑回归（logistic regression，LR）[2,6,9]在仇恨言论检测中的表现优于其他技术。Nobata 等[13]偏好使用Vowpal Wabbit回归模型。Mehdad和Tetreault[14]使用循环神经网络（recurrent neural network，RNN）模型进行仇恨言论检测。

本文基于众包方法和神经网络，提出了一种可以应用于社交媒体的仇恨言论检测框架。我们以词向量嵌入作为输入特征，使用CNN模型进行分类。此外，与之前将仇恨言论问题视为多类别问题的研究不同，我们将该问题视为多标签分类问题。

仇恨言论检测框架

在功能方面，该框架有两个组成部分，即离线训练模块和在线仇恨与冒犯性内容检测模块。离线训练是一项周期性的工作，它可以获取被不同用户给出分类标签的推文，如图1中步骤①、②所示。该模块负责训练深度神经网络习得推文特征。在线模块负责使用离线程序训练出的模型，预测新推文的标签。社交媒体用户可以选择同意或不同意该模块给出的标签，如步骤④、⑤、⑥所示。在线模块和推特用户标记的推文反馈到离线模块，用以重新训练算法、优化自动

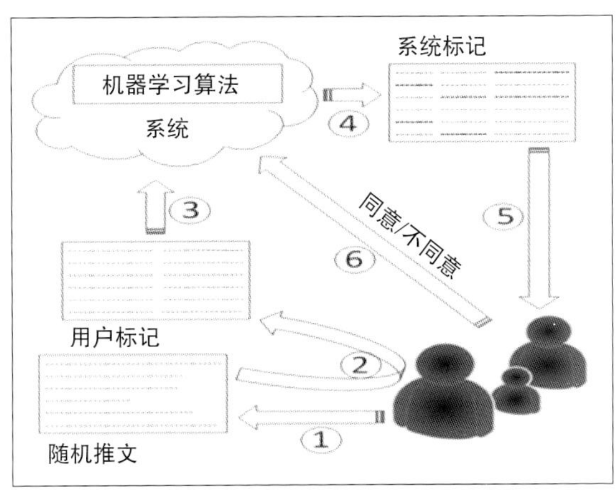

图1　本文提出的社交媒体仇恨言论检测框架

标记任务。

众包政策

目前社交媒体主要通过平台制定仇恨言论分类政策。与之相反，该框架由用户决定推文性质（如是否为仇恨内容）。框架鼓励用户参与投票并训练机器识别仇恨言论。此外，推文的得票情况可决定它在某个地区保持可见或隐藏。使用这种方法可确保社交媒体不会将某个群体的偏见强加于其他群体。人们可根据喜好和法律，民主地为所在地区训练机器。我们只实施了一次该方法的迭代，没有用新的投票或标签重训模型。我们也没有通过投票，将自己的偏见强加于模型的重训中，而是试图找到最稳定的模型，使之在不同数据集中始终有较好表现。一个可以重新学习、在不同数据集中表现良好的模型，能够轻松适应不同地区瞬息万变的投票偏差。

CNN模型

我们为仇恨分类使用的稳定CNN模型是序列卷

积神经网络（sequential convolutional neural network，SCNN）模型。SCNN模型是具有嵌入、三个卷积ID层、三个最大池化ID层、神经元丢弃（Dropout）法、密集层的序列模型。表1显示了超参数调整SCNN模型后获得的参数值。

表1 超参数值

	参数	值
嵌入	嵌入空间	256
卷积ID	过滤器	512
（第一层）	卷积区域	3
（第二层）	卷积区域	4
（第二层）	卷积区域	5
最大池化ID	激活函数	Relu
所有三层	池化区域	2
Dropout法	速率	0.2
密集层	激活函数	Sigmoid
Model.compile模型	优化算法	adam
Model.fit模型	批尺寸	30

我们将数据集拆分为三个部分，即训练数据集、开发数据集、测试数据集。60%的数据集用作训练数据，20%用作验证数据，20%用作测试数据。验证集用于超参数调整，测试集用于模型测试和比较。

仇恨言论检测的推文分类

我们研究了几种机器学习模型，并将其与SCNN进行了比较。参与比较的有：结合SVM的*n*元语法[12]，结合多种特征列表的LR[2]，长短期记忆（long short-term memory，LSTM），CNNLSTM，CNN-nonstatic，CNN2D，ATTCNN，ATTCNN with max。公平起见，我们在前两种模型中使用了*n*=4的*n*元语法，在神经网络中使用了大小在2到4之间的过滤器。我们将前两种模型作为比较的基线模型，现简要说明如下：

（1）结合SVM的*n*元语法：该技术由Davidson等[2]及Burnap和Williams[12]提出。该模型以一元词组、二元词组、三元词组为特征，并将其提供给SVM分类器。在多类别分类中，我们使用此模型作为性能比较的基线模型。

（2）结合多个特征列表的LR：该技术由Davidson等[2]提出。该模型使用了包括TF-IDF加权的一元词组、二元词组、三元词组，推文情感打分，主题标签数量，转推数，URL，每条推文的字符、单词、音节等内容的特征集。

（3）LSTM：用于文本分类的RNN架构。我们在嵌入一层密集层后又创建了单层LSTM模型，以便比较。

（4）CNNLSTM：我们将上述模型修改为在密集层之前使用LSTM层。

（5）CNN-non static：该模型由Davidson等提出[2]，原用于在文本中寻找情感分析。该技术包含在输出密集层前串接完毕的嵌入层、三个卷积ID层、最大池化ID层、平坦层。我们将该技术从使用两类改为使用三类，微调了任务中嵌入层向量的权重，得出不使用权重微调模型的、较好的分类结果。

（6）CNN2D：我们将Davidson等[2]的模型从使用ID层修改为使用卷积2D神经层，因此修改后的模型是CNN2D（https://github.com/bhaveshoswal/CNN-text classification-keras）。我们重新整合了嵌入层输出，以便用于卷积二维层。

（7）ATTCNN：该模型的卷积层使用了Kim的注意力机制[15]。该模型包含注意力卷积层、平坦层、密集层。

（8）ATTCNN with max：我们在注意力卷积层后添加了额外的最大池化层。该模型包含注意力卷积层、最大池化层、平坦层、密集层。

实验结果

为确定CNN方法的有效性，我们在“仇恨言论检测框架”一节中，以一组推文为数据，对现有技术进行了比较。

（1）数据集1包含CrowdFlower平台（https://data.world/crowdflower/hat-speech-identification/workspace/file?filename=twitter-hate-speech-classifier-DFE-a845520.csv）上的仇恨与冒犯性内容[12]。

（2）数据集2是Davidson等使用的数据集[2]。

（3）数据集3是Waseem和Hovy[6]使用的性别歧视与种族主义数据集。

CrowdFlower数据集共含14509条推文，数据集2共含24783条推文[2]。数据集3共含6492条推文[3]。数据集3是三者中类别最不平衡的数据集，数据集1则是最平衡的。在数据集3中，大约86%的推文属于一类，其余的分为三类。在数据集2中，冒犯性推文仅占77%。但在数据集1中，冒犯性推文占50%，仇恨言论占16%，两者皆非的占33%。我们还在Amazon EC2云上使用Python的Keras、Tensorflow、Sklearn（深度学习库）进行实验，应用准确率（Precision）、召回率（Recall）、F值（F-measure）作为评估指标，确定了多类别分类和多标签分类的分类准确率。

多类别分类结果

多类别分类结果如表2~表4所示。我们分析得出的重要结果是，除了RNN，基于神经网络的模型在识别单类准确率方面表现更好。相较结合SVM的n元语法和具有多个特征列表的LR，这些模型在数据集1和2中的仇恨类和数据集3中的性别歧视类中表现尤佳。然而，这些模型的召回率低于基线模型，尤其是在数据集2和3中。因此，RNN以外的神经网络模型产出的总体结果能略高于基线，实属超出预期。另一个重要结果是，数据集类别越不平衡，神经网络模型的F值在识别少数类时受到的影响就越大。例如，检测数据集2中的仇恨言论时，神经网络模型的性能略低于基线模型，而具有多个F值特征的LR在数据集1中就表现出了更好的性能。然而，这些模型在所有数据集中准确率得分仍然最高。近来有研究表明，在文本分

表2　数据集1多类别分类结果

	准确率			召回率			*F*值		
区分技术	仇恨	冒犯性	皆非	仇恨	冒犯性	皆非	仇恨	冒犯性	皆非
多特征LR	0.39	0.95	0.7	0.53	0.92	0.83	0.449348	0.934759	0.759477
结合SVM的*n*元语法	0.39	0.94	0.7	0.48	0.93	0.82	0.430345	0.934973	0.755263
RNN	0	0	0.51	0	0	1	0	0	0.675497
CNNLSTM	0.48	0.58	0.87	0.46	0.66	0.8	0.469787	0.617419	0.833533
SCNN	0.47	0.65	0.88	0.56	0.58	0.89	0.511068	0.613008	0.884972
CNN-non-static	0.43	0.63	0.94	0.72	0.78	0.7	0.538435	0.697021	0.802439
CNN2D	0.61	0.68	0.86	0.32	0.73	0.95	0.419785	0.704113	0.902762
ATTCNN	0.53	0.65	0.85	0.34	0.66	0.93	0.42	0.65	0.89
ATTCNN-with max	0.65	0.63	0.81	0.08	0.72	0.96	0.14	0.67	0.88

表3　数据集2多类别分类结果

区分技术	准确率			召回率			F值		
	仇恨	冒犯性	皆非	仇恨	冒犯性	皆非	仇恨	冒犯性	皆非
多特征LR	0.21	0.95	0.87	0.53	0.92	0.83	0.300811	0.934759	0.849529
结合SVM的n元语法	0.3	0.94	0.88	0.48	0.93	0.82	0.369231	0.934973	0.848941
RNN	0	0.78	0	0	1	0	0	0.876404	0
CNNLSTM	0.37	0.91	0.74	0.28	0.92	0.75	0.318769	0.914973	0.744966
SCNN	0.2	0.9	0.71	0.45	0.86	0.67	0.276923	0.879545	0.68942
CNN-non-static	0.52	0.94	0.92	0.09	0.89	0.15	0.153443	0.914317	0.257944
CNN2D	0.58	0.91	0.8	0.16	0.96	0.8	0.250811	0.934332	0.8
ATTCNN	0.47	0.9	0.78	0.14	0.95	0.76	0.22	0.93	0.77
ATTCNN-with max	0.58	0.89	0.81	0.06	0.97	0.7	0.11	0.83	0.75

表4　数据集3多类别分类结果

区分技术	准确率			召回率			F值		
	仇恨	冒犯性	皆非	仇恨	冒犯性	皆非	仇恨	冒犯性	皆非
多特征LR	0.76	0.25	0.93	0.59	0.6	0.98	0.67	0.1	0.95
结合SVM的n元语法	0.75	0.33	0.94	0.64	0.12	0.97	0.69	0.17	0.96
RNN	0.3	0	0.86	0.07	0	0.98	0.12	0	0.91
CNNLSTM	0	0	0.81	0	0	1	0	0	0.92
SCNN	0.67	0.33	0.87	0.17	0.15	0.98	0.28	0.21	0.92
CNN-non-static	0.81	0	0.94	0.44	0	0.91	0.57	0	0.92
CNN2D	0.78	0.33	0.91	0.48	0.15	0.98	0.6	0.21	0.95
ATTCNN	0.8	0	0.89	0.28	0	0.99	0.41	0	0.94
ATTCNN-with max	1	0	0.92	0.02	0	1	0.04	0	0.92

类方面，卷积层中设有注意力机制的模型比没有注意力机制的表现更好[16]。然而，我们在实验中观察到，在卷积层中使用注意力机制，特别是使用最大池化机制，虽然准确率得分有所提高，但召回率得分却降低了。因此，注意力卷积模型的整体F值得分仍然很低。

高准确率和低召回率的结果表明，与基线模型相比，基于神经网络的模型对分类的要求更为严格。为理解召回率低的原因，我们统计了三个数据集中不同类别中相似词语的百分比。在数据集1中，45.7%出现在仇恨言论中的词也出现在冒犯性推文中。在数据集2中，65.2%出现在仇恨言论中的词也出现在冒犯性推文中。同样地，在数据集3中，43.6%出现在种族主义言论的词也出现在性别歧视的推文中。在召回率得分计算期间，相似词的高百分比会影响神经网络模型中严格分类器（strict classifier）的性能。我们还使用散点图对数据集进行了可视化。图2~图4显示了所有三个数据集的散点图。在图2和图3中，与图表其他部分相比，右上角的文字更加杂乱。这表明仇恨和冒犯性内容分类下出现的共同高频词更多。但在图4中，图中心的单词数更多，这表明性别歧视和种族主义内容分类下共同词出现的频率大多为中等。因此，将仇恨数据和冒犯性数据分开显然是困难的。

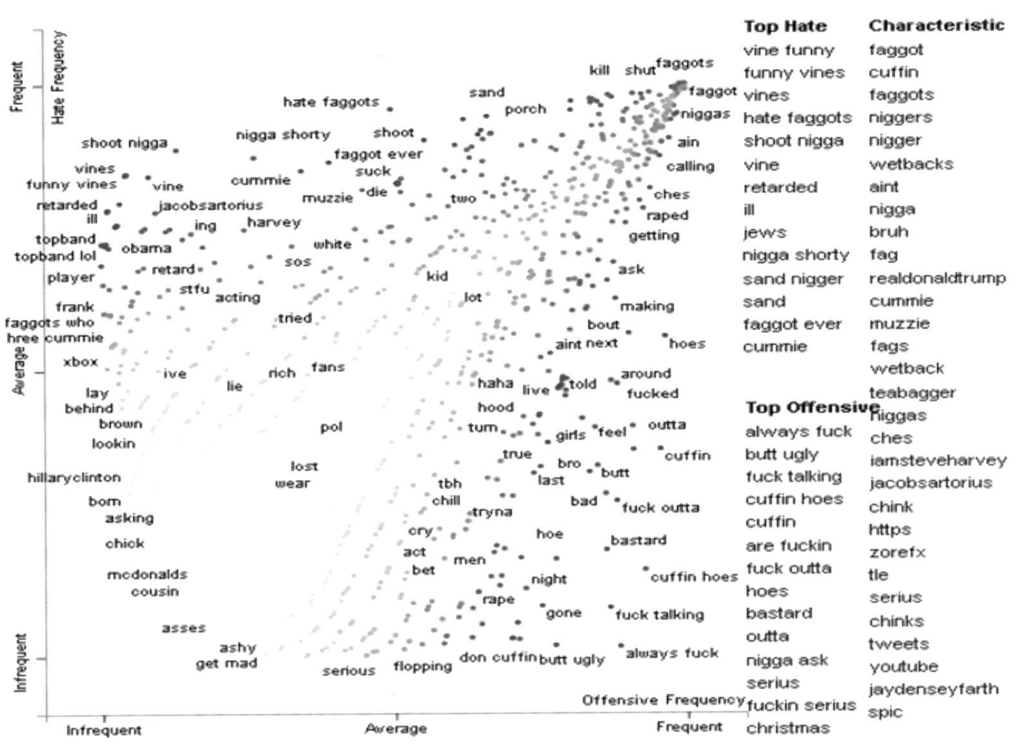

图2　数据集1的散点图

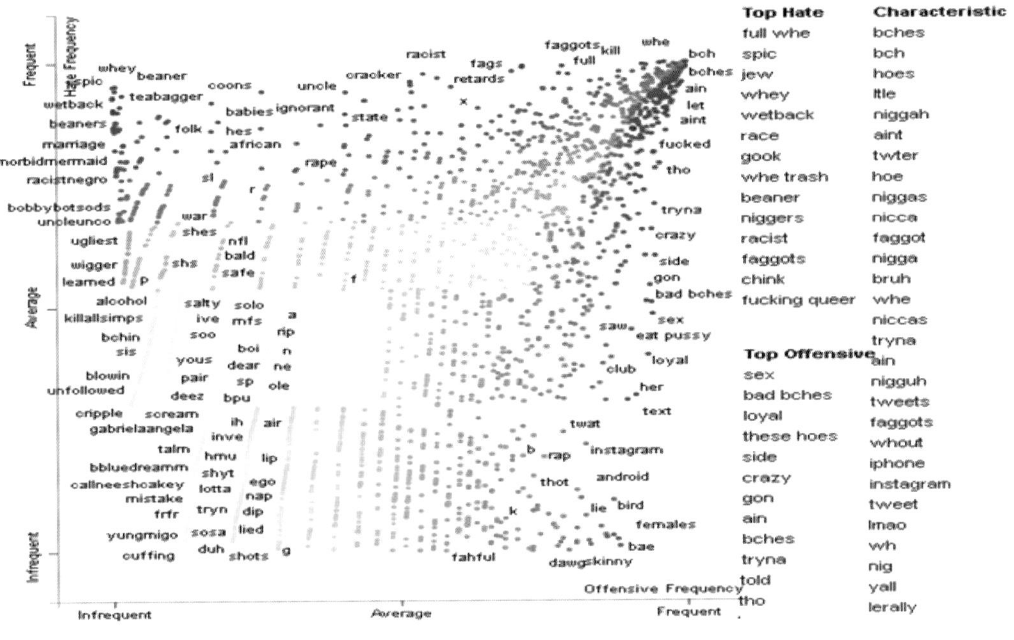

图3　数据集2的散点图

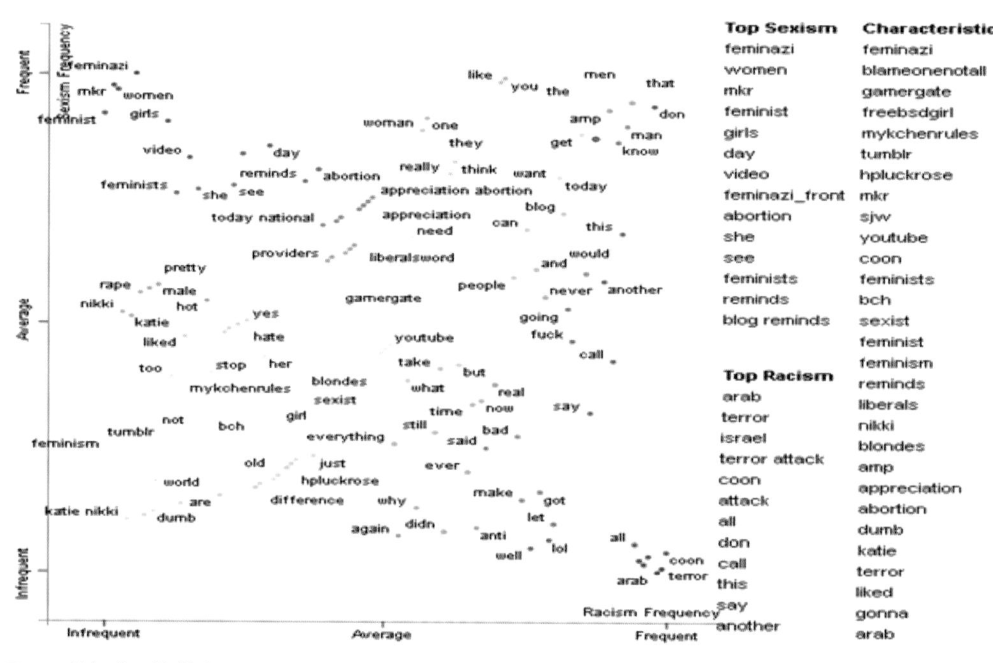

图4　数据集3的散点图

多标签分类结果

仇恨言论和冒犯性言论对人类而言之所以较为困难，是因为两者共用词的用法相同，语义之间的区别非常小。类似的问题也发生在机器学习中。鉴于所有三个类别中使用的词汇有所重叠，我们将仇恨言论检测问题重新评估为多标签问题。我们使用α-Evaluation指标来评估多标签分类[17]。α-Emulation指标使用以下等式评估各个预测：

$$\text{Score}(P_x)=\left(1-\frac{|\beta M_x+\gamma F_x|}{|Y_x\bigcup P_x|}\right)^{\alpha} \tag{1}$$

其中，Y_x代表实际标签，P_x代表对测试用例x的预测标签。此外，$M_x=Y_x-P_x$表示模型无法预测的遗漏标签，$F_x=P_x-Y_x$表示上述等式中的一组假正类标签。参数β和γ用于惩罚遗漏标签和多标签分类中的误报。参数α是宽容率（forgiveness）参数。α、β、γ三个参数被限制在保持预测分数为非负的范围内。限制条件为：

$$\alpha\geq 0,\beta\geq 0,\gamma\leq 1,\beta=1|\gamma=1 \tag{2}$$

神经网络模型可预测所有类别的概率，并将概率最高的类别视为预测类别。在多标签场景中，我们将所有类视为标签。然而，为避免在每个场景中获取所有标签的情况，我们设置了0.5的阈值，预测分数高于阈值的类将成为文本的标签。我们使用以下多标签分类公式评估准确率和召回率分数：

$$\text{precision}_c=\frac{1}{|D_c|}\sum_{x\in D_c}\text{score}(P_x) \tag{3}$$

其中，$D_c=\{x|C=P_x\}$。

类似地，我们使用下面给出的方程计算召回率得分：

$$\text{recall}_c=\frac{1}{|D_c|}\sum_{x\in D_c}\text{score}(P_x) \tag{4}$$

其中，$D_c=\{x|C=Y_x\}$。

表5展示了式（1）中的不同参数下SCNN模型的

多标签分类结果，表6展示了不同分类器的结果比较。结果表明，宽容误报（降低γ值）、严控遗漏标签（增加β值）会高度影响F值。我们发现β=1，γ=0，α=1时得到的结果最为理想。在这种情况下，框架对误报非常宽容，对标签遗漏非常严格。我们在RNN和CNNLSTM之外的所有模型中都获得了1的准确率分数，这是由我们对假正类标签过于宽容所致。此外，卷积神经网络模型的召回率得分有了显著改进，这也影响了F值的分数。结果显示，对于所有类别，卷积神经网络模型的F值分数平均增加了0.095。然而，与多类别分类的结果相比，数据集1中的仇恨类别在F值分数上大幅增加了0.2。显然，卷积神经网络对存在于不同类别中的大量相似词较为严格，导致了多类别分类中的低召回率，但它们准确预测类别的概率仍高于0.5。总体而言，SCNN在三个数据集中的表现始终优于其他模型。

表5　不同参数下多标签分类结果

数据集1

	准确率			召回率			*F*值		
	仇恨	冒犯性	皆非	仇恨	冒犯性	皆非	仇恨	冒犯性	皆非
α=1；β=1/4；γ=1	0.64	0.74	0.91	0.70	0.75	0.87	0.67	0.74	0.89
α=1；β=1/8；γ=1	0.68	0.76	0.91	0.73	0.78	0.89	0.70	0.77	0.90
α=1；β=1；γ=1/4	0.66	0.76	0.92	0.68	0.74	0.87	0.67	0.75	0.89
α=1；β=1；γ=1/8	0.69	0.79	0.93	0.71	0.76	0.88	0.70	0.77	0.90
α=1；β=1；γ=0	1	1	1	0.7	0.87	0.92	0.83	0.93	0.96

数据集2

	准确率			召回率			*F*值		
	仇恨	冒犯性	皆非	仇恨	冒犯性	皆非	仇恨	冒犯性	皆非
α=1；β=1/4；γ=1	0.55	0.94	0.83	0.55	0.94	0.83	0.55	0.94	0.83
α=1；β=1/8；γ=1	0.59	0.94	0.84	0.60	0.95	0.85	0.60	0.94	0.85
α=1；β=1；γ=1/4	0.57	0.94	0.84	0.53	0.93	0.82	0.55	0.94	0.83
α=1；β=1；γ=1/8	0.61	0.95	0.86	0.57	0.94	0.84	0.59	0.94	0.85
α=1；β=1；γ=0	1	1	1	0.59	0.94	0.73	0.74	0.97	0.85

数据集3

	准确率			召回率			*F*值		
	性别歧视	种族歧视	皆非	性别歧视	种族歧视	皆非	性别歧视	种族歧视	皆非
α=1；β=1/4；γ=1	0.64	0.42	0.94	0.74	0.57	0.91	0.69	0.49	0.93
α=1；β=1/8；γ=1	0.68	0.47	0.95	0.76	0.63	0.92	0.72	0.54	0.93
α=1；β=1；γ=1/4	0.66	0.53	0.95	0.72	0.47	0.91	0.69	0.50	0.93
α=1；β=1；γ=1/8	0.69	0.59	0.95	0.74	0.51	0.92	0.72	0.55	0.94
α=1；β=1；γ=0	1	1	1	0.44	0.09	0.98	0.61	0.17	0.99

表6 多标签分类结果比较

数据集1

	准确率			召回率			*F*值		
	仇恨	冒犯性	皆非	仇恨	冒犯性	皆非	仇恨	冒犯性	皆非
RNN	0	1	1	0	1	1	0	1	1
CNNLSTM	1	1	1	0.45	0.65	0.79	0.62	0.79	0.88
SCNN	1	1	1	0.7	0.87	0.92	0.83	0.93	0.96
CNN-non-static	1	1	1	0.72	0.78	0.74	0.84	0.87	0.85
CNN2D	1	1	1	0.32	0.71	0.94	0.48	0.87	0.85

数据集2

	准确率			召回率			*F*值		
	仇恨	冒犯性	皆非	仇恨	冒犯性	皆非	仇恨	冒犯性	皆非
RNN	0	1	0	0	1	0	0	1	0
CNNLSTM	1	1	1	0.22	0.88	0.37	0.33	0.93	0.55
SCNN	1	1	1	0.59	0.94	0.73	0.74	0.97	0.85
CNN-non-static	1	1	1	0.09	0.89	0.45	0.17	0.94	0.62
CNN2D	1	1	1	0.32	0.71	0.94	0.25	0.98	0.87

数据集3

	准确率			召回率			*F*值		
	性别歧视	种族歧视	皆非	性别歧视	种族歧视	皆非	性别歧视	种族歧视	皆非
RNN	1	1	1	0.34	0.14	0.97	0.51	0.24	0.98
CNNLSTM	0	0	1	0	0	1	0	0	1
SCNN	1	1	1	0.44	0.09	0.98	0.61	0.17	0.99
CNN-non-static	1	0	1	0.45	0	0.88	0.62	0	0.94
CNN2D	1	1	1	0.5	0.09	0.97	0.67	0.17	0.99

结论

本文提出了HateClassify服务框架，用于检测社交媒体上的仇恨言论。HateClassify框架采用众包法，允许社交媒体用户为其认为不合适的文本投票。我们使用CNN评估了分类性能，结果表明，通过CNN，特别是SCNN实现的分类准确率具有显著竞争力，其准确率甚至优于几种最先进的方法。本文的主要贡献是将仇恨言论分类问题呈现为多标签分类问题。实验采用 CNN方法，获得了令人欣喜的多类别和多标签分类结果，证明使用这些方法在社交媒体上分类仇恨言论是可行的。

参考文献

[1] F. Del Vigna, A. Cimino, F. Dell'Orletta, M. Petrocchi, and M. Tesconi, "Hate me, hate me not: Hate speech detection on Facebook," in *Proc. 1st Italian Conf. Cybersecurity*, 2017, pp. 86–95.

[2] T. Davidson, D. Warmsley, M. Macy, and I. Weber," Automated hate speech detection and the problem of offensive language," in *Proc. 11th Int. AAAI Conf. Web Social Media*, 2017, pp. 512–515.

[3] W. Warner and J. Hirschberg, "Detecting hate speech on the world wide web," in *Proc. 2nd Workshop Lang. Social Media*, 2012, pp. 19–26.

[4] Y. Chen, Y. Zhou, S. Zhu, and H. Xu, "Detecting offensive language in social media to protect adolescent online safety," in *Proc. IEEE Int. Conf. Privacy, Secur., Risk Trust Int. Conf. Soc. Comput.*, 2012, pp. 71–80.

[5] H. Hosseinmardi, S. A. Mattson, R. I. Rafiq, R. Han, Q. Lv, and S. Mishra, "Analyzing labeled cyberbullying incidents on the instagram social network," *Social Inform.*, T. Y. Liu, C. N. Scollon, and W. Zhu, Eds., 2015, pp. 49–66.

[6] Z. Waseem and D. Hovy, "Hateful symbols or hateful

关于作者

Muhammad U. S. Khan 巴基斯坦伊斯兰堡通信卫星大学阿伯塔巴德校区助理教授。2005年获巴基斯坦巴哈丁拉齐大学计算机科学学士学位，2008年获巴基斯坦伊斯兰堡国立科技大学信息安全硕士学位，2015年获美国北达科他州立大学电气和计算机工程博士学位。IEEE会士。研究兴趣包括数据科学、社交媒体分析、人工智能、计算机安全。担任《大数据赋能的物联网》一书编辑（工程技术学院，2020）。本文通讯作者。联系方式：ushahid@cuiatd.edu.pk。

Assad Abbas 巴基斯坦伊斯兰堡通信卫星大学计算机科学助理教授。曾在多个国际著名期刊或会议上发表研究成果。研究兴趣包括但不限于智能健康、大数据分析、推荐系统、专利分析、软件工程、社交网络分析等。获美国北达科他州立大学电气和计算机工程博士学位。IEEE-HKN会士。同时担任多家知名期刊的审稿人和多个会议的程序委员会成员。联系方式：assadabbas@comsats.edu.pk。

Attiqa Rehman 巴基斯坦伊斯兰堡通信卫星大学阿伯塔巴德校区助理教授。联系方式：attiqarehman@ciit.net.pk。

Raheel Nawaz 曼彻斯特城市大学数字技术解决方案专业主管，承担分析和数字教育工作。曾创立和领导多家人工智能、数据科学、数字转换、数字教育、高等教育学徒制的研究单位，主持了众多英国、欧盟、南亚、中东的资助研究项目，在英国和海外的多个研究、高等教育、政策组织兼职或出任名誉职务。时常受邀就一系列话题发表演讲，尤其是人工智能和高等教育。在成为全职学者之前，他曾在私立高等教育和继续教育部门担任多个高级领导职位，亦曾在军中担任职务。联系方式：r.nawaz@mmu.ac.uk。

people? predictive features for hate speech detection on Twitter," in *Proc. NAACL Student Res. Workshop*, 2016, pp. 88–93.

[7] C. Van Hee et al., "Detection and fine-grained classification of cyberbullying events," in *Proc. Int. Conf. Recent Adv. Natural Lang. Process.*, 2015, pp. 672–680.

[8] J.-M. Xu, K.-S. Jun, X. Zhu, and A. Bellmore, "Learning from bullying traces in social media," in *Proc. Conf. North Amer. Chapter Assoc. Comput. Linguistics: Human Lang. Technol.*, 2012, pp. 656–666.

[9] G. Xiang, B. Fan, L. Wang, J. Hong, and C. Rose, "Detecting offensive tweets via topical feature discovery over a large scale Twitter corpus," in *Proc. 21st ACM Int. Conf. Inf. Knowl. Manage.*, 2012, pp. 1980–1984.

[10] H. Zhong et al., "Content-driven detection of cyberbullying on the Instagram social network," in *Proc. Int. Joint Conf. Artif. Intell.*, 2016, pp. 3952–3958.

[11] N. Djuric, J. Zhou, R. Morris, M. Grbovic, V. Radosavljevic, and N. Bhamidipati, "Hate speech detection with comment embeddings," in *Proc. 24th Int. Conf. World Wide Web*, 2015, pp. 29–30.

[12] P. Burnap and M. L. Williams, "Cyber hate speech on Twitter: An application of machine classification and statistical modeling for policy and decision making," *Policy Internet*, vol. 7, no. 2, pp. 223–242, 2015.

[13] C. Nobata, J. Tetreault, A. Thomas, Y. Mehdad, and Y. Chang, "Abusive language detection in online user content," in *Proc. 25th Int. Conf. World Wide Web*, 2016, pp. 145–153.

[14] Y. Mehdad and J. Tetreault, "Do characters abuse more than words?" in *Proc. 17th Annu. Meeting Special Interest Group Discourse Dialogue*, 2016, pp. 299–303.

[15] Y. Kim, "Convolutional neural networks for sentence classification," in *Proc. Conf. Empirical Methods Natural Lang. Process.*, 2014, pp. 1746–1751.

[16] W. Yin and H. Schutze, "Attentive convolution: Equipping CNNs with RNN-style attention mechanisms," *Trans. Assoc. Comput. Linguistics*, vol. 6, pp. 687–702, 2018.

[17] M. S. Sorower, "A literature survey on algorithms for multi-label learning," *Oregon State Univ., Corvallis*, vol. 18, pp. 1–25, 2010.

（本文内容来自IEEE Internet Computing Jan./Feb. 2021） Internet Computing

区块链：一种以隐私为中心的企业合规标准

文 | Aman Ladia　Liquid Protocol
译 | 涂宇鸽

如今，隐私权已成为一个重要的全球问题，各国都在制定相关法律以确保公民能够控制自己的数据存储和使用方式。在这种情况下，为了遵守这些法律，企业在面临越来越大的负担的同时，还要确保其商业模式和工作流程尽可能少受干扰。本文将介绍一种潜在技术——区块链。它可以帮助用户控制自己的数据，同时允许公司负责任地访问运行所需的数据。本文总述了区块链技术及其作为隐私合规工具的适用性，探索了更多利基领域，如零知识证明领域，并从隐私的角度提出了两个可以通过区块链使消费者和企业受益的行业。

当前隐私的重要性

在过去几年里，隐私已经从一个单纯的道德问题演变成了非常真实的法律问题。企业和政府具有保护消费者隐私的内在责任，早已成为了一种道德规范。不幸的是，法庭上难以证明道德的合法性。有关隐私的法律框架早就应该出台了。

如今，近80个国家或地区已经颁布了隐私法规。其中最突出的是欧盟的通用数据保护条例 (GDPR)。尽管存在质疑，它还是赢得了许多人的掌声。作为高层级的法规，GDPR 旨在保证公司对被其收集和存储数据的用户的隐私负责，同时确保消费者有权像他们最初给予权力那样轻松地撤回他们对数据收集的同意[1]。即使在印度，对隐私保护的激进主义也迫使最高法院宣布，基本隐私权与生命权同等重要[2]。

显然，隐私合规如今已经成为企业的重要考虑因素。本文将阐述区块链技术如何通过确保数据控制透明性、确保用户独立掌控自己的数据，来帮助隐私法规的实施。在对区块链的透明度保证及其利用以隐私为中心的密码学的潜力进行简要的技术洞察之后，本文将从以下两方面讨论区块链技术下的企业合规：一是区块链技术可以提供无缝对接的医疗服务；二是在金融领域，区块链技术可以提供透明的 KYC/AML 认证设施。

选择这两个案例进行分析是为了证明，区块链技术适用于广阔的场景，不仅现在，还有未来：医疗领域的案例分析了区块链技术在企业合规方面的前瞻性用例，而金融领域的案例则试图提供一种植根于当下的解决方案。

重新思考数据库

数据库是企业存储用户数据的一项基本技术。自20世纪70年代后期以来，数据库一直被使用。虽然容量、特性和复杂性确实发生了变化，但数据库的基本概念几乎保持不变：一张大表，存储着每个人的“记录”。

不可否认，随着新的数据保护方案和多级保护措施的发展，数据库的安全性多年来成倍增加。然而，从企业合规的角度来看，数据库的集中性让对其进行审计和执行法规变得非常困难。因此我们必须重新思考数据库的基本架构，以便在技术层面上实现问责[3]。

更智能的数据库

为了落实当前和未来的隐私法规所要求的问责级别，需要存在一些保护措施，让用户能够始终了解他们的数据是如何被存储和使用的，让用户有权在任何时间撤销对数据访问的同意，并确保撤销后他们的数据确实无法被访问。

这种机制可以通过区块链实现。区块链是一种使用“区块”来记录各方之间交易的分布式信息存储方式。一笔交易想要进行，必须经过半数以上的区块链节点（网络参与者）的验证，如果成功，这笔交易就会被记录在区块链上。

区块链与传统的中心化数据库的不同取决于以下两个主要因素：

（1）不变性：在设计良好的区块链解决方案中，几乎可以实现不变性，因为记录在区块链上的任何交易一旦被验证（确认），就无法删除或更改。

（2）分布：区块链被设计为分布在数百、数千甚至数百万个节点之间。攻击者要想对基于区块链的解决方案造成任何真正的破坏，必须能够控制多到难以计数的计算机。

本文的下一节将探讨不变性和分布如何使区块链在各种环境中有效确保隐私保护和合规。

区块链、有效性控制和隐私

智能合约是存储在区块链上的脚本。我们处理交易时会触发智能合约。根据触发交易中所包含的数据，智能合约以规定的方式在网络中的每个节点上独立且自动运行[4]。

简单来说，智能合约是在区块链上运行的一种程序，负责在满足特定条件时执行特定操作[5]。由于智能合约可以以防篡改的方式自主运行，因此可以用它们引入制衡机制来保护用户数据。

可以实施的最简单的措施之一与有效性有关：对数据共享的同意不应该无限期有效。这在GDPR等隐私法规中有所体现。法规中规定，对数据共享的同意必须是“自由给予的、具体的、知情的和明确的”[6]。此外，消费者拥有被遗忘权，即他们应该完全能够掌控何时撤回同意。企业（如Facebook）会不时更改其隐私政策，但大多数用户要么不知道这些改动，要么根本懒得完整阅读文档。在这种情况下，可以运行一个智能合约[7]，将隐私政策的变化与一组用户自定义的规则（如用户是否已授权这个网站进行后台跟踪）进行比较，然后智能合约可以代表用户决定是否应将其数据提供给服务商。如果检查失败，则自动撤销对用户数据的访问。

这种检查可以通过时间有效性简单实现，时间有效性类似于实物文件所拥有的特性。可以实施多方加密方案，其中用户数据以加密状态存储在传统服务器上，通过使用智能合约提供解密密钥对这些数据的访问进行控制。另外一种方式是，可以建立一个尊重智能合约所定义的用户角色的数据控制系统，即只有当智能合约将某个（与组织相关联的）特定公钥指定为对特定用户具有读/写访问权限时，才能授予访问权限。

如果实施了这样的系统，用户可以设置他们的个人智能合约，在有限的时间内提供数据访问权限，例如六个月。在设定的时间段过去之后，访问权限将自动撤销，用户必须在六个月内重新授权该服务。

然而，必须指出的是，需要对其他几个方面进行思考和考虑，这样的系统才能真正取得成功。一方面，区块链从根本上要求存在多个节点。谁将为节点提供基础设施？一个简单的答案是，由那些希望访问个人数据的公司提供。但如果是这种情况，则意味着所有公司共享相同的个人数据，即个人信息存储在第三方服务器上，所有希望访问其数据的组织都从该中央服务器检索这些信息。另一个问题自然而然地随之而来：谁维护这个数据服务器？它会由财团拥有和运营吗？是否会有很多这样的服务器为不同的财团存储数据？这些问题并不容易回答，但经过充分思考，可以找到解决方案。

隐私和透明度可以共存吗？

上一节提出的解决方案依赖于创建基于区块链基础设施进行访问控制的第三方远程服务器。但这样，隐私问题仍然存在。区块链的目标在于透明。每当有人向特定服务商授权数据访问权限时，他们就会在区块链上发送一笔交易——该交易对其他各方都可见。这意味着能够访问区块链的每个人都可以找到您授予数据访问权限的服务列表。

这个问题的程度因实施情况而定。有人可能会争辩说，与个人关联的区块链账户仅通过加密哈希算法（cryptographic hash）——一串随机字符串来识别，不包含个人身份信息。比如，某个人的区块链地址可能是3192C0B1A80C03148B2 F120ACAD49204550-DE5F45375D73AF071590478EBA182，一个通过256安全哈希算法（Secure Hash Algorithm 256）得出的哈希值，不包含任何个人信息。因此，虽然可以找到被允许访问上述账户数据的服务商，但无法确定该账户属于谁。

但是，请求数据访问的各方可以将随机哈希值与个人身份相关联。这意味着，如果X公司被名为Tom的人授予数据访问权限，他们现在知道Tom的区块链地址，就可以以此推断出被Tom授予数据访问权限的各方。解决该问题最简单的方案是，让每个组织为每个数据访问请求生成新地址，这样就无法通过交易追溯到一个实体。

到目前为止讨论的解决方案只涉及将数据存储在链外，仅使用区块链来管理对数据的访问。如果实际数据在区块链上进行交易，问题就会变得更大。对于这样一个既透明又私密的系统，所有敏感信息都必须在链上保持加密，但仍然可以被其他节点验证。所以，该如何实现一个区块链网络，让各方可以在不实际读取数据的情况下验证数据？

想要解决这个问题，需要依靠一种称为零知识证明 (ZKP) 的加密技术。ZKP可以让一个实体在不泄露秘密的情况下证明它知道秘密。尽管该技术背后的密码学很复杂且仍处于起步阶段，但简化类比一下之后，这个概念对于大多数人来说足够简单。

假设有两个人——鲍勃和汤姆（见图1）。两人生

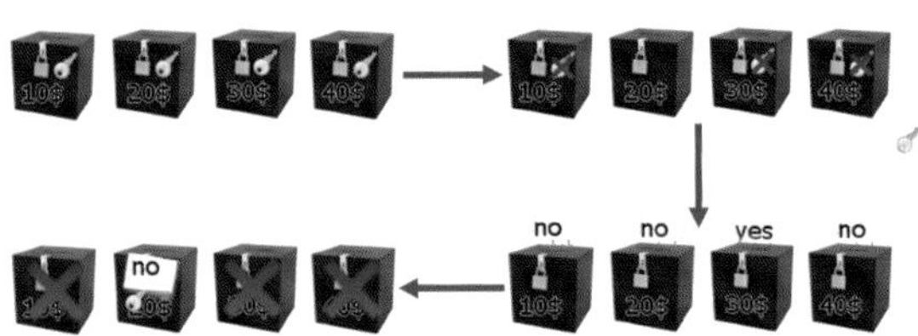

图1　使用零知识证明技术进行典型传输的简化举例

活在一个人人平的等社会，每个人都应该得到同等的报酬。鲍勃怀疑情况并非如此，并希望验证他们是否确实获得了相同的收益。不能直接向汤姆询问他工资的详细信息，因为这样做是一种社会违法行为。该怎么办呢？简单起见，让我们假设鲍勃和汤姆都赚了 10 美元、20 美元、30 美元或 40 美元。鲍勃去市场买了四个带有相应钥匙的锁着的盒子。每个盒子的顶部都有一个狭缝。鲍勃保留了对应着20 美元（他的工资金额）的盒子的钥匙，并将其他三把钥匙扔掉。现在他离开房间，请汤姆进来。汤姆拿了四张纸，在其中一张纸上写下“是”，在剩下三张上写了“否”。然后，他将写着“是”的那张纸从缝隙里放入与 30 美元（他的工资金额）相对应的盒子，将写着“否”的纸放入其他盒子。鲍勃回到房间，使用他唯一拥有的钥匙来解锁对应20 美元的盒子。他在里面找到了“否”字。所以，他知道汤姆挣的钱和他不一样，但他也无法确切知道汤姆挣了多少。本质上，鲍勃验证了一个事实，但没有透露任何个人信息。

上面的类比被称为姚氏百万富翁问题[8]，它说明了零知识证明的概念。另一种类似的技术是零知识简洁非交互式知识论证（zK-SNARKS）[9]，这种技术已经在某些加密货币中使用，例如 ZCash[10]。zK-SNARKS 允许区块链节点验证加密交易，从而维护交易中的隐私。

医疗保健行业：一个区块链用例

有了上述技术知识，让我们考虑如何使用区块链来开发一种协调的医疗保健设置，基于区块链技术进行数据共享，在遵守隐私法规的同时简化医疗服务供给。下面的示例考虑了四个利益相关方：患者、医生、病理实验室和药剂师（见图2）。

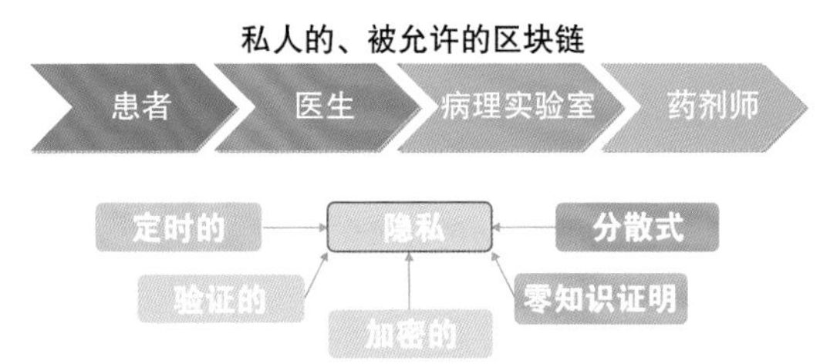

图2　医疗保健行业区块链应用流程图

当您（患者）去看医生时，医生可能希望检索您的病史。如果您的全部病史都在医疗区块链上，您所要做的就是暂时允许医生访问您的信息。如前面“区块链、有效性控制和隐私”一节中所述，这可以基于时间有效性来实现。医生可能还需要进行一些血液检查。当您将血液提交给病理实验室，交易会自动记录在区块链上。检查结果可以通过区块链直接发送给您，并暂时转发给您的医生，然后医生可以开药。电子处方可以开在区块链上。药剂师可以通过检查您的医生的特定数字签名来验证处方的有效性。如果匹配，则可以配药，并将处方标记为已使用，以避免病人重复使用该处方（重复开药通常会导致用药过量死亡）。

可以扩展这种系统，让它包含其他技术。例如，区块链可用于基于共享数据集的机器学习训练中，来确保不会造成任何隐私丢失[11]。反过来，这又有助于关联不相关的症状，以诊断未被发现的慢性病。人们可以允许某些组织在有限的时间内访问自己特定的健康记录（如果某组织正在投资研究肺癌的症状，那么可以被允许访问与呼吸系统疾病相关的健康数据），并且确保自己的数据不会被滥用。如果各国政府能够运行独立的医疗区块链并将它们全球连接，公民就可以随时随地访问自己的健康记录。所有医生，哪怕不熟悉患者，都可以使用这些信息来进行有根据的准确诊断。

使用过程中可以用零知识证明来确保隐私。分布式账本的存在意味着几乎不可能对区块链进行更改。

金融领域的区块链：从隐私视角来看

金融机构如今面临着一个难题：一方面，他们必须遵守“了解您的客户 (KYC)”原则和反洗钱 (AML) 法规，另一方面，他们需要适应现代隐私法。这个难题导致了看似矛盾的情况。金融机构是否有可能在数据保密的同时，验证客户的身份和凭证？

在研究潜在的解决方案之前，有必要简要分析一下如今的现状。大多数银行都被要求收集能将银行账户与个人或公司对应起来的文件。这种验证方式让政府能够保持对洗钱的检查。尽管可以通过一系列安全措施达到效果——从普通人的典型银行账户到瑞士银行中少数人持有的秘密编号账户——它们都需要受到一些法律检查或许可。虽然这保证了透明性，但许多人指责 KYC/AML 流程侵犯了客户的隐私，因为无法保证经过身份验证后，个人数据将被如何使用。

另一方面，完全匿名的基础设施以加密货币的形式存在，几乎不可能追踪到与加密货币地址相关联的名字。尽管加密货币完全私有背后的设计动机是确保去中心化和匿名性，但这种理念导致加密货币因成为非法洗钱网络而声名狼藉。

我们需要一个中间地带，让客户可以验证他们的身份以满足 KYC/AML 标准，同时确保他们的身份不会以任何方式被滥用，这就是区块链技术可以介入的地方[12]。

使用区块链减少私人数据的传输

减少数据滥用机会、保护客户隐私的方法之一是确保将私人数据移交给尽可能少的相关方。因为拥有数据的相关方越多，侵犯隐私的可能就越大。

举一个简单的例子，一个客户会在不同银行拥有多个银行账户，或者拥有一个附带着不同保险供应商制定的各种保险政策的账户。目前的情况下，客户每次开设新的银行账户或购买新的保险时，都必须与每个供应商完成 KYC/AML 认证手续。这意味着必须与各个公司多次共享个人资料和隐私信息。

然而，在区块链的帮助下，银行财团内可以建立去中心化的 KYC 机制。只要用户在一个机构完成过一次手续，就会创建一个只有他们有权访问的经过验证的数字身份。这样，当他们希望在另一家机构开设新账户时，可以简单地使用数字身份档案作为凭证。这意味着只需提交一次个人资料以进行验证，之后整个过程只是在数字身份区块链上授权验证请求。

“了解您的客户 (KYC)”原则之外的隐私保护

数字身份方案的实施还可用于“了解您的客户 (KYC)”要求之外的隐私保护。例如，数字分类账还可以存储保险评估记录，以便购买不同供应商的保险。保险供应商可以直接通过区块链请求访问保险评估记录，而不是像现在这样，请求获取一份可能被错误处理或非法保留的评估记录的数字或物理副本（例如人寿保险中的健康记录或车辆保险中的汽车评估记录）。

这种机制不仅有利于隐私保护，而且还很方便。通常，保险评估由第三方机构进行——血液样本可能由病理实验室分析，而车辆评估由汽车经纪人进行。这些第三方可以直接为客户更新区块链记录，然后客户可以授权保险供应商临时访问这些数据。

数据删除难题

数字身份框架中的一个部分可能会引发危险——如果区块链被设计为不可变的，那么如何擦除以前存储的数据？区块链的特性可以被认为类似于火车——如果一个车厢是解耦的，那么它后面的所有其他车厢也都会与引擎分开。同样，如果一个区块被更改或删除，则其后创建的所有区块也将失效。

尽管没办法直接删除区块链上的记录，但有一些变通的方法。一种方法是复制一个区块链数字身份，省略那些需要删除的信息，然后丢弃原始的数字身份私钥。这基本上冻结了原始数字身份，包括用户本人在内的所有人都无法访问它，因为几乎不可能对身份进行暴力加密。新身份与原始身份相同（除了不包含已删除的信息），并且今后用户可以继续使用。

总结

毫无疑问，隐私合规在未来几年只会变得更加严格，企业已经在努力提高运营透明度和隐私管理能力。区块链与 ZKP 、多方计算等技术相结合，可以制造出适应性强且功能强大的平台，帮助企业遵守隐私标准。本文探讨了两个可能因区块链产生以隐私为中心的变化的行业——医疗保健和金融。医疗保健部门可以以区块链为媒介，在患者和医疗服务供应商之间传输与健康记录和处方相关的信息；而金融部门可以通过区块链进行 KYC/AML 验证和财务记录审计。

对这两个行业的研究体现了区块链在用作隐私合规机制方面的多功能性。它展示了两个不同且看似无关的领域如何都能从区块链中受益。这两个案例还说明了使用区块链的优势不仅限于隐私保护，还包括节省成本，以及为组织和消费者提供便利。

关于作者

Aman Ladia 区块链企业家和研究员，曾与跨国咨询公司合作，并创立了自己的区块链初创公司 Liquid Protocol。研究兴趣包括自动化系统、区块链和机器学习，专攻对社会产生积极影响的系统。联系方式：aman@amanladia.com。

致谢

感谢 Clive Lobo 先生、Walter Heidary 博士、Jag Basrai 先生、Kobhi N. 先生和 Tanvir Shah 先生，他们为作者提供了更多地了解企业环境中的区块链的机会。同时还要感谢迪拜阿联酋国家银行的 Naimish Shah 先生、Akshay Meher 先生和 Evgenii Makarov 博士，他们帮助作者扩大了研究范围并帮助他了解商业区块链架构的技术细节。

参考文献

[1] General data protection regulation. European Parliament, Brussels, Belgium, 2016.

[2] V. Goel. (2019, December 10) On data privacy, india charts its own path," The New York Times. Accessed: Feb. 01, 2020. [Online]. Available: https://www.nytimes.

com/2019/12/10/technology/on-dataprivacy-india-charts-its-own-path.html.

[3] G. Karame and S. Capkun, “Blockchain security and privacy,” *IEEE Secur. Privacy*, vol. 16, no. 4, pp. 11–12,Jul./Aug. 2018.

[4] K. Christidis and M. Devetsikiotis, “Blockchains and smart contracts for the internet of things,” *IEEE Access*, vol. 4, pp. 2292–2303, 2016.

[5] “Smart contracts,” BlockchainHub, 2019. Accessed: Jun. 16, 2019. [Online]. Available: https://blockchainhub.net/smart-contracts/.

[6] General Data Protection Regulation. Article 17.European Parliament, Brussels, Belgium, 2016.

[7] G. Strawn. “Blockchain,” *IT Prof.*, vol. 21, no. 1, pp. 91–92,2019.

[8] Andrew Yao’s millionaire’s problem. Taiwan University, Taipei, 2018.

[9] K. Naganuma, M. Yoshino, H. Sato, and T. Suzuki,“Auditable zerocoin,” in *Proc. IEEE Eur. Symp. Secur. Privacy Workshops*, 2017, pp. 59–63.

[10] D. Hopwood, “Zcash protocol specification,” Zcash,Denver, CO, USA, 2019.

[11] A. Ladia, “Privacy centric collaborative machine learning model training via blockchain,” in *Proc.Int. Congr. Blockchain Appl.*, 2019, pp. 62–70.

[12] J. Parra-Moyano and O. Ross, “KYC optimization using distributed ledger technology,” *SSRN Electron.J.*, 2017. Doi: 10.2139/ssrn.2897788.

（本文内容来自 IT Professional Jan./Feb. 2021）

ITProfessional

iCANX 人物

大鹏一日同风起，扶摇直上九万里——专访北京大学席鹏教授

文 | 王卉　于存

大鹏一日同风起，扶摇直上九万里！这是唐代诗人李白最霸气的一首诗，其气势磅礴之势令人叹服。大鹏这个词从古代开始，就被视为高远志向的代名词，更有鹏程万里、鹏抟九天等词汇。前不久来自北京大学的席鹏教授做客iCANX Story（大师故事），为我们讲述了他作为一只“大鹏”在超分辨光学显微成像领域“扶摇直上”的故事。

谈起席鹏教授，我想大众都会想到一个名词，那就是超分辨显微成像，作为国内业界公认的STED技术领航人，我们其实很好奇他是如何利用反射-干涉来增强STED的分辨率并最终达到19nm的分辨率的。为什么会想到利用贝塞尔-高斯光束合成STED，来实现深层超分辨成像？当然最重要的是他是如何年纪轻轻就成为一名业界大咖，在探索STED技术的路上他是如何一路披荆斩棘，乘风破浪。带着一系列的疑问，与我一起走近席鹏教授。

席鹏，北京大学未来技术学院教授，博士生导师。2003年在上海光学精密机械研究所信息光学实验室获得博士学位，曾在香港科技大学、普渡大学、密歇根州立大学攻读博士后。主要研究方向包括超分辨显微成像、生物医学光子学、新型显微技术及其在生物医学中的应用等。

图1

席鹏教授曾担任Focus On Microscopy组织国际学术顾问，年度显微发明奖Microscopy Innovation Awards的评委，美国光学学会高级会员（Senior Member），中国光学学会生物医学光子学分会常委，美国光学学会成像光学设计技术组组长。2013年获得绿叶生物医药杰出青年学者奖；2016年获得中国光学重要成果奖；2018年获得首届北京市杰出青年基金资助；2020年获得国家杰出青年科学基金项目资助。曾在*Nature*、*Light: Science & Applications*等国际一流期刊发表SCI收录期刊论文80余篇，总影响因子大于550，被引超过4000次。已获美国专利4项、中国专利17项，编写专著2部。此外，他还是*Light: Science & Applications*北京办事处的责任编辑，负责该杂志的新闻和观点栏目。

问题：您的研究领域主要是超分辨光学显微成像技术，您能向我们简要介绍一下您目前正在做的工作以及最新的科研进展吗？

席鹏：我们课题组主要的研究方向在超分辨显微成像上，致力于拓展超分辨的多个维度，包括空间维度、时间维度以及信息维度等。目前我们的研究方向主要集中在以下几个方面：

（1）结构光超分辨，目前我们发明了偏振结构光超分辨和偏振光谱超分辨两种方法，对一系列生物亚细胞器的结构及其功能进行观察。

（2）无透镜成像，利用正交的特性来拓展无透镜成像的超分辨性质。

（3）光片成像，与张浩老师和金大勇老师开发新型的光片成像技术。

问题：自1873年以来，人们一直认为，光学显微镜的分辨率极限约为200 nm。但是超分辨光学成像打破了光学显微镜的分辨率极限，为生命科学的研究提供了新型工具。您曾利用逆复用多色量子点实现了高速、高标记密度的超分辨，利用多焦共聚焦实现了三维超分辨并合作开发了适合超分辨的单体荧光蛋白等，文章多次发表在*Nature Methods, Light: Science & Applications*等国际知名期刊，您能向我们介绍一下超分辨光学成像将会使我们在哪些方面受益，它的主要应用有哪些？

席鹏：未来超分辨成像主要的应用领域是在观察活体细胞的亚细胞器结构以及其相互作用方面，这一点得益于超分辨技术本身所固有的特点，它对于生物样本是非常友好的，而且破坏性很小。目前超分辨的空间分辨率在50nm左右，刚好弥补了光学显微镜200多个纳米的分辨率和电镜显微镜几个纳米分辨率之间的鸿沟。

电镜显微镜虽然能够提供更高的空间分辨率，但是它本身也存在两个限制：一是它在制样过程中需要真空、锇酸等，这样就会破坏生物细胞的活性；二是它缺乏有效的对比度，也就是说如果我们想用它看一个物体，这个物体必须是和周围环境有所区别的，但是细胞像我们的眼睛一样，它是透明的。我们知道光学显微镜最大的优势就是可以使用荧光染色的方式，有针对性地把某一个细胞器标上颜色，从而看到它在细胞的哪个位置，形状是什么，但是电镜显微镜很难做到特异性标记和活细胞成像，它更像是以极高的分辨率在对生物体进行“尸检”，正因如此，如果想要真正观察活细胞的精细结构和动态过程，光学超分辨显微镜要更胜一筹。

未来借助于人工智能的机器学习，两者可能会发生相互融合甚至是取长补短，这样我们就能够实现超高分辨与超高动态的结合。

问题：南方科技大学金大勇教授和您的研究团队成功研发了光谱偏振光学断层成像技术（SPOT），结合亲脂探针，从光强、光谱和偏振三个光学维度分别解析脂膜的形态、极性和相位，首次实现了细胞内10种亚细胞器膜的同时成像并对其脂质动力学进行了分析，是攻克癌症的“照明灯”，您能简要介绍一下这项技术吗？目前在生物样品上的分辨率可以达到什么水平？

席鹏：我们细胞里有非常多的亚细胞器，它们在细胞里面既分工又合作，构成了组织，这些组织又构成了一个有机体。过去为了研究这些亚细胞器之间是如何相互作用的，我们采取了“一对一”的方式，用荧光标记一种亚细胞器，这样我们就能看到两者之间的相互作用，但是大部分荧光成像系统受荧光光谱的限制，只能支持4个通道以内的同时成像。2017年，诺奖得主Eric Betzig教授和美国科学院院士Jennifer Lippincott-Schwartz实现了活细胞内6种亚细胞器的同时观察。我们就想如何才能更进一步去突破极限实现多细胞器组学的同时观察，所以就想到了尝试只用一种脂染料来标记比如线粒体、高尔基体、内质网等膜结构。我们发现，Nile Red既能够在光谱上表现出它的化学特性——极性，也能表现出它的序性——环境特性，这样一来我们就可以同时从光谱和偏振维度两个方面得到一个二维的散点图，将10种细胞器很好地分隔开。下一步我们会将研究重点聚焦在细胞器成像、多维度脂膜成像、高通量蛋白成像以及空间转录组等领域。

问题：您在国际上首次提出利用反射-干涉增强STED的分辨率，可同时提升横向和纵向分辨率，该方法实现了19nm的分辨率，刷新了STED在生物样品上的分辨率纪录。此外，您首次提出利用贝塞尔-高斯光束结合的STED，实现了155μm的深层超分辨成像，创造了超分辨的探测深度新纪录。您能简要谈一谈该技术的意义以及未来的发展趋势吗?

席鹏：我们知道STED技术主要是靠擦除来实现成像的，所以如果把擦除它的“橡皮擦”做得越精细，那么擦除后剩下的点就越小，分辨率自然就越高。但是在实际过程中它会遇到很多挑战，比如，在细胞内的300 nm微区利用强光诱导受激辐射，太大的光强会损伤细胞。当荧光信号被淬灭后，它的信噪比会迅速降低。诺奖得主Stefan W. Hell曾针对该问题提出了解决办法，直接将纵向分辨率从600nm压缩成了100nm，但是它有一个前提条件，需要两个物镜进行干涉，整个系统的搭建是非常复杂的，所以我们就想如何突破这个条件的限制，将难度降低，后来我们发现镜子能够实现，通过实验也证实了我们的猜想。

目前我们看到的大部分超分辨的图都是二维平面的，所以我们就在想能不能做一个三维的图像?要形成三维立体图像，就要先形成这样一个“橡皮擦”。众所周知，正常点扩展函数在中间的位置应该是最高的，而要形成这样一个“橡皮擦”，需要利用涡旋位相光栅把中间最高的位置拉成0，也就是说只有保证位相差是π，位置才能拉成0，但是在实际操作过程中，我们发现一旦进入到样品，受到散射的影响，就会导致中间的零点不存在，后来我们与北京大学施可彬教授合作，尝试使用贝塞尔光束，将其调制成8μm光束，实验发现即使随着深度的增加，它的分辨率依然能够做到跟表面一样，这项工作也被*Laser & Photonics Reviews*选为封面文章，我们也同时申请了专利。

问题：您是国家杰出青年基金获得者，同时担任多个国际知名学术期刊，如*Nature Photonics, Nature Communications, Light: Science & Applications*等期刊的审稿人。您在论文写作、基金申请等方面肯定有不少独到的见解与经验，能否跟屏幕前的科研工作者和学生们分享一下?

席鹏：我认为，这个问题可以分为科研的小循环和国家的大循环两个方面。什么是科研的小循环呢?它是这样一个步骤：从事科学实验——发表研究论文——申请基金资助——反哺科学实验，这其中无论哪一环节都不能出问题。从国家大循环的角度说，科研工作产生新技术，通过公司进行产业化，公司获得收益缴纳税收，再反哺科研。

再来看发表论文，科研人员以课题组为单位写好论文，将其投稿给编辑部，编辑部决定哪些稿件进行送审，到了匿名同行专家那里，审稿人会对文章中的数据和逻辑提出相应的意见和建议，有时甚至会出现多轮往复的事情，这是非常正常的事情。

在基金申请方面，它不是一个多轮循环的过程，科研人员向基金委、科技部等单位递送申请书，然后基金委和科技部的学部主任会将他们转给评审专家，由匿名评审专家对项目进行评估并给予评价。在这里需要提醒一下申请人，在写申请书的时候一定要着重强调项目的意义，要给评委眼前一亮的感觉，只有这样中标的几率才会大。

问题：我们知道，在科研的道路上永远都不可能是一帆风顺的，注定充满荆棘、坎坷和失败。当您遇到困惑的问题或者难题时，您是如何建立起强大的内心的?

席鹏：我个人觉得可能是自己神经比较大条吧，对很多事情不会太放在心上。我前些日子在科学网上发表了一篇文章《创新，你不妨从试错开始》，创新这个词意味着要创造一个新的东西，既然是要创造新的东西那就不可能是一蹴而就、一帆风顺的，肯定会伴随很多次的失败，所以要把失败看成是常态，不要把它看成一种打击，一次次的失败会让你离真相越来越近。但是在这里我觉得当你看到实验数据和自己预想的不一致的时候，不要轻易放过。比如，我在和金大勇老师合作上转换纳米粒子的光擦除时，一开始我们用5mW的808nm的激光，就可以做到很好的擦除效果。但是后来真正要对擦除效应进行物理学研究的时候，我们发现，利用这个公式进行曲线拟合时，如果前面几个数据点拟合，那后面的数据就会和预测的不一致，如果用后面的数据进行拟合，前面的数据又不一致，如果用双曲线会比较好拟合，但是双曲线缺乏深厚的物理学原理，后来我们尝试用导数公式，将其变成一个线性公式，这样I_s就变成了斜率，通过比较分析以下三张图，我们会发现，如果工作在低功率下，那么它相对来说是在一个小信号增益上，如果在高功率下，会出现增益饱和的现象。在这个基础上，我们成功地用30mW的低功率光进行激发，实现了28nm的超分辨。这是2017年我们合作的一项工作，后来也发表在*Nature*正刊上。

问题：您的科研成就大家都非常熟悉，但其实您在成果转化方面也是下足力气的。比如，您最近开发的偏振结构光超分辨成像系统，目前发展到哪一阶段了？您能向我们介绍一下吗？

席鹏：我认为科研只有转化为生产力才能是一个完美的闭环。2020年底我们成立了北京艾锐精仪科技有限公司，致力于开发结构光超分辨成像系统，将实验室的技术变成服务于大众的产品。过去受制于实验室面积和学生数量，我们所能够接纳的合作非常有限，所以我们成立公司的初衷是希望将实验室的样机变成标准化的产品，实现合作的倍增效益。

回忆起我们刚开始做公司的时候，其实还是遇到了很多困难，比如，在实验室里我们可以采用任何方法，一个开源软件进行控制，采到的数据用另外一个开源软件进行分析等，但是这些“跳步”在商用系统里面，全都是不被允许的，都要一步一个脚印完成。原来我们实验室搭建的系统，基本上是实验室有什么就用什么，没有就采购；而在产品化样机上，需要考虑这些产品的稳定性、是否能够集成等，所以从技术实现到产品实现，这其中是一个很大的跳跃。值得庆幸的是，目前我们已经完成了第一代样机的研发，目前处于系统测试与性能优化阶段。接下来，我们会更加紧锣密鼓地进行测试工作，相信这些产品很快就会

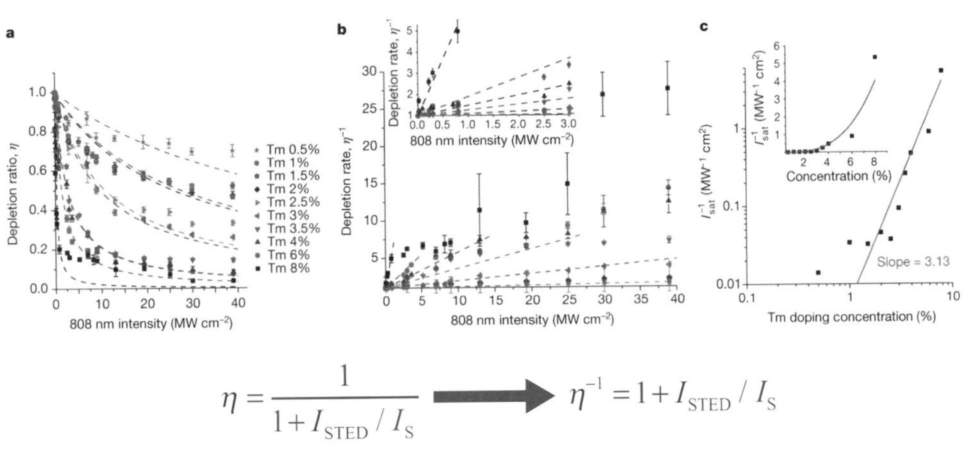

图2

和大家见面。

问题：我发现，您的某些成果是和其他研究学者共同完成的，比如，戴琼海院士、金大勇教授等，都是您多年合作的伙伴。您如何看待合作？在合作的过程中，您与他们有什么趣事想与我们分享一下？

席鹏：我所在的生物医学工程系，本身就需要生物、医学和工程三个领域的专家一起通力合作才能完成。我认为合作对于解决交叉学科的难题来说是至关重要的。比如，我在进行镜面STED技术的研究时，从专业上讲我们需要生物领域的专家帮助我们准备特殊的样品，一个是细胞核孔复合物的染色，一个是病毒的多色，因此我们和美国佐治亚理工学院的病毒学专家Phil Santangelo教授合作，很顺利地就解决了这一难题，他还提出请我们分析N蛋白和F蛋白之间的空间关系，而这一问题恰好可以用镜面STED回答。后来，佐治亚大学专门拍摄了视频并在EurekAlert上进行宣传。再比如，我和金大勇教授的合作过程，我们是在2006年认识的，当时他来Paul实验室面试博士后，带着夫人从澳大利亚来美国，在普渡大学呆了两周。我知道他做上转换，彼此之间一直有联系，但是始终没有找到合作的点，直到我和他闲聊讨论才发现，原来上转换在超分辨里面有着得天独厚的优势，最终，我们合作成功地将上转化应用于超分辨中。后来，我们一起申请深圳的孔雀团队，一起在南方科技大学开创实验室，一晃15年过去了。在这条路上，我跟Light期刊有非常多的互动，首先我是*Light*北京办事处的责任编辑，负责News and Views栏目。2018年在悉尼创办了Light悉尼办事处，金大勇老师负责Perspective。当时去参加悉尼办事处成立仪式的，还有*Nature*正刊负责物理的主编、*Nature Photonics*的主编Oliver，线下我们也是非常好的朋友。

问题：对于即将要从事或者正在从事科研的年轻工作者，您有什么建议？

席鹏：埃隆•马斯克（Elon Musk）曾经说过，不要只追随潮流。你们可能听我说过，用第一性原理的物理方法来思考。也就是说，你不是通过简单的类比推理，而是把事情拆解为你能想象到的最基本的事实，然后从这里开始提出问题，演绎推理。

对于处于科研迷茫期的年轻人，我觉得可以去找一下本领域的大牛，跟他们聊一聊自己的困惑与想法。我相信，所有的大专家内心都是希望能够辅导好本领域的年轻人，因为年轻人站起来了，这个领域就站起来了，而且所有专家都一样，都有着一颗爱才惜才的心，所以我相信，跟他们聊过之后你一定会拨云见日，豁然开朗。

科研这条路注定充满坎坷、艰辛和辛苦。正所谓“路漫漫其修远兮，吾将上下而求索”。在成像领域我们用清晰、快速、深层和活体来概括，所以我想祝愿

图3

图4

图5

大家都能够思路清晰、行动快速、研究深刻、交流活跃，在科研的道路上都能找到属于自己的“清快深活”！

作者寄语

初次接触席鹏老师有一些意外之喜。作为业界公认的STED技术先驱，他所提出的多种超分辨新技术为超分辨显微成像领域带来了巨大的技术革新与突破，多项工作发表在国际一流学术期刊，但是在他身上，没有居高临下，没有咄咄逼人，有的只是一种亲切随和、平易近人的感觉。他那谦谦君子、温润如玉的学者风范，一身诚恳朴实的儒雅之气，这可能是他给所有接触过他的人最大的感受。

对于创新，他认为新方法、新技术从来都不是凭空产生，而是一个不断试错的过程，只有在错误中不断总结经验与教训，才能在创新之路上走得更加顺畅，要养成自省和创新的思维习惯。

对于合作，他认为随着交叉学科的发展，越来越多科学问题的解决依赖于各领域专家的合力，独木不成林，只有千树万树齿相依，才会有阵阵松涛。

对于科研，他坚持上下求索，格物致知。

对于生活，他积极向上，轻快生活。

如果非要用哪个字来概括席鹏老师取得成功的原因，我想“迷”这个字最适合，只要新技术一产生，他就迷上了，一定要打破砂锅问到底。他迷恋科研与教学，迷恋探寻事物真理的过程，迷恋超分辨。

“功不唐捐，玉汝于成。”这是席鹏教授给所有科研人员最好的建议，也是身为科研工作者最基本的态度。最后，希望所有的科研人员都能在本领域“大鹏一日同风起，扶摇直上九万里”。

于欣格：以“入世”之心，解科研之“谜”

文 | Michael

科学研究一定要用复杂的方法解决问题吗？在香港城市大学生物医学工程系助理教授于欣格看来，这并不一定。从解决实际问题的角度出发，有的时候反而最简单的东西恰恰最有用。“我记得之前*Nature*子刊上面有一篇文章，讲的是离心，主要原理跟我们小时候玩的一种陀螺很像，当时大伙觉得这个东西发到顶级期刊，是不是有点简单，但结合实际问题，我们发现它的意义很大，比如说在非洲，还有一些医疗欠发达地区，买一个离心机是成本很高、很困难的，如果用这种简单东西，其实就可以在某种程度缓解这个实际问题，这种例子不胜枚举。”

以“入世”之心，传递科研的魅力，这是于欣格带给记者最大的印象。于欣格是香港城市大学生物医学工程系助理教授、博导，中国科学院-香港城市大学机器人联合实验室副主任。《麻省理工科技评论》创新35人、优秀青年科学基金（港澳）、IEEE纳米医学发明家、MINE青年科学家获得者。电子科技大学与美国西北大学联合培养博士。曾先后在伊利诺伊大学和美国西北大学担任博士后研究员。研究方向为新型柔性电子在生物医疗领域的应用。在《自然》、《自然——材料》、《自然——生物医学工程》等期刊发表论文100余篇，申请/授权发明专利20项。

图1

在他身上，有着许许多多的“title”，然而，当聊起自己的工作、经历、感悟时，他仍以一名“求学者”的态度去讲述自己内心的想法，以学习的态度去接触身边的人和事，他说想做科研就要坚持，去接受这个从量变到质变的过程。而当被问到自己如何评价自己这些年的科研工作时，他用“持之以恒”来总结自己的状态，他说，这亦是对自己的一份期许。

问题：柔性电子研究作为您主要的科研领域，目前有哪些最新进展，未来发展趋势又是怎样的？

于欣格：柔性电子是一个比较大的概念，一个高度交叉的学科，涉及材料、力学、电子工程、物理化学等一系列的知识，我在柔性电子大领域里，主要从事触觉感知这一方向的研究，当然也有其他“生医”交叉的工作。

我们的皮肤有各种各样的触觉感知，可以感觉到力量、温度、压强、振动等，我们想开发出一种可以和皮肤集成的柔性的电子器件，可以把刚才提到的外部物理刺激反馈到我们身上，这一点和目前大部分报道的柔性电子的研究是不太一样的，因为目前大部分时候，我们讲到电子皮肤主要是指它的传感功能，通过材料的设计或器件的优化，赋予柔性电子感受到力量或者是温度的功能。把它放在临床医学相关的研究领域的话，那就可以这样理解，在医学领域，之前大部分做的是传感检测，我们所做就是“反向”激励，通过输入电信号转化成人们需要的力、光和热等形式，相当于是给药或者是治疗。

2019年，我们在*Nature*上面发表的文章第一次报道，可以开发出皮肤集成阵列化的触觉反馈系，现在因为考虑到我们皮肤下边触觉反馈系的一个密度的分布，还有不同触觉反馈单元带来不同反馈刺激，我们在之前的工作的基础上，把这些柔性的触觉反馈器件从一个几厘米的尺度，做到了几毫米的尺度，在尺寸上做一个小型化，在一块皮肤上可以集成更多的触觉反馈单元，从而更真实地模拟外部的触摸。

另外，我们在传感和反馈方面，做一个交叉的融合，因为光有反馈也不行，如何能把外部的信息检测到也尤为重要。以机器人和人协同为例，感受到机器人触觉等的信息后才能更好地去控制它，这就是一个典型的人机交互，我们反馈方面的工作相当于把人机交互中最缺乏的一环给补上了。相关的研究成果会于2021年底和2022年陆续发表。

问题：您是如何关注到这一领域的？您认为相关研究可以解决哪些实际问题？

于欣格：从本科到博士，再到博士后，一步一步走过来，我的研究方向一直在换，我本科的专业是信息显示和光电技术，它是光学工程下的学科，当时我学习的内容是OLED、有机发光二极管，在那个时候，很多人都不知道什么是OLED。我的本科毕业设计做

图2

的就是柔性OLED，而现在柔性OLED已经有产品了。

硕士期间研究方向跟OLED很相关，有机薄膜晶体管，作为OLED的驱动电路，这个时候就已经开始接触到柔性电子电路的很多工作了，后边博士去美国西北大学联合培养的时候，我做的是无机化学的合成金属氧化物，也是驱动电路的核心元器件，涉及一些基础的化学知识。所以在这个过程，我学习了化学、材料、电子、光学等不同知识。在我博士毕业的时候柔性电子的研究已经得到了大家广泛的关注，我也更为深入到柔性电子这个领域中。那时柔性电子研究的创始人，我的博士后导师John Rogers教授的科研深深吸引了我。博士毕业以后也很有幸去到了Rogers教授课题组从事更为系统的研究。

在这个过程当中，我又认识了不同领域的很多优秀的伙伴和合作者，包括力学方向和医学专业的医生。和他们深入交流后，我发现一个问题，很多医生对工程性的问题理解并不深入，而我们对医学知识的涉及又相对粗浅。在两方的灵感碰撞中，很多技术性的难题就被攻克了，比如2018年我们发表的一篇文章关于柔性电子做活检肿瘤检测，就是一个很好的“生医工”交叉的例子，那个时候我就很确认，这个方向以我们目前积累的知识，足以解决这一系列的技术性难题。

问题：随着时代的发展，越来越多的年轻人已经走上科研工作的“舞台”。您认为对于现在的学生和科研人员来说最重要的能力和品质是什么？

于欣格：对于现在的教学工作来说，面对学生，我希望他们在整个研究生或博士生学习过程当中得到的是一个学习新知识的能力，毕业以后成为一个有学习能力的博士，当拿到一个新的课题的时候，要用自己的学习能力加上积累的知识想办法把它解决。

而最重要的品质，做科研一定要持之以恒，尤其是低年级的学生，刚开始可能会想要快速地发文章，但是随着研究的深入会发现，如果在这个领域积累不够，想再上一个台阶会很难；一定要积累了很多东西后，才能准确地找到方向或了解某一个具体问题的痛点，只有这样才能去抓住这个点来解决问题。我觉得这一点需要年轻的科研人员去坚持，尽量不要盲目跟风，持之以恒，蹲点足够深以后，才能跳得更高。

问题：人们都说科研工作是挑战困难，探索未知，您如何看待这样的观点？您又是如何面对挑战和困难的？

于欣格：科研工作遇到困难在所难免。一个新技术之所以称为“新”，里面自然充满了未知，解决问题的过程当中，经常都是循环往复，不断迭代的过程。

我们在遇到瓶颈的时候，首先要鼓励自己。其次要做好功课，从调研开始。最后利用我们的知识做出评估然后放手去干。

当遇到一个工程性问题时，我的思路是用熟知的基础知识作为保障，站在巨人肩膀上统筹来看如何把眼前这个难题解决，怎样协调不同机理作用在这个系统当中能完美地工作。这其实就给自己一个暗示，一定可以成功。去执行的时候，遇到什么问题，就会比较客观地去分析这个过程当中哪一个部分有纰漏，找到它，解决掉，一步一步脚踏实地的推进，最后一定能成功。

孔湉湉：以“几十年”为时间维度，“心无杂念”地行走在科研之路

文 | Michael

根据联合国教科文组织的数据，占世界人口一半的女性在全球科研人员中所占的比例还不足30%。在外界看来，长期存在的偏见和性别方面的陈规定型观念使女性“远离”了与科学相关的领域。而这样的看法，其本身或许就带有渲染的色彩。然而事实又是如何？在以往的采访中，来自全球各国的女性科学家代表试图打破这一“刻板印象”，她们说这个行业更多时候都在用实力说话，而自己要做的就是突破。在她们的表达中，丝毫看不出上述数据和观点对于她们的负面影响，反而让她们增添了一份如同侠女一般的“勇”。

来自深圳大学的教授孔湉湉，便是这样一位“勇女”。科研工作中，她不仅如同侠女一般“乘风破浪”，更像个勇士一样“披荆斩棘”。生活中的她热爱美食、萌宠与球赛，和大多数女孩子一样爱美，喜欢打扮得精致时髦拍拍照。

图1

2007年孔湉湉于上海海事大学本科毕业，2009年和2013年于香港大学机械工程系获得硕士和博士学位，2014年起在香港大学从事博士后研究工作，2015年11月加入深圳大学生物医学工程学院，主要研究领域为微流控技术在生物医学领域的应用和发展。她还是广东省珠江青年学者，深圳市“孔雀”人才B类。

2015年入职深圳大学后，孔湉湉以第一作者或通讯作者身份在 *Nature Communications*、*PNAS*、*Advanced Materials* 等期刊上发表高水平论文50篇，成果被Science作为亮点报道。现主持或结题包括国自然面上在内的国家省部市级纵向科研项目7项。以深圳大学为申请人申请国内发明专利12项，已授权5项，PCT专利1项。获2020届微系统与纳米工程国际峰会“优秀青年科学家奖”、软物质领域国际知名杂志 *Soft Matter* 2021年新兴研究者、2020年化学工程青年学者交流研讨会最佳报告奖、2018年日内瓦发明展银奖等荣誉。指导的研究生多人获国家奖学金、腾讯创新创始人奖学金、优秀毕业研究生等荣誉。

她以“几十年”为时间维度，潜心科研工作，凭借自己坚定的理想信念，一路“乘风破浪”“披荆斩

棘”，她平和地面对一切变化，从容地应对科研中的困难。日前，记者有幸对话孔湉湉，听她讲述自己的科研心路历程。

问题：有人说，科学发展的趋势是个很哲学的问题。作为一名青年科学家，您是如何理解您所在领域的发展趋势的？

孔湉湉：我从事的科研领域是微尺度多相流动及动态界面传质特性的研究。微尺度流动在生命健康、生物化学分析检测中有着重要的地位。其中所涉及的流体含蛋白等高聚分子和细胞，流变性质复杂，在微尺度下多相流动及动态界面传质特性的研究具有一定的挑战性。我们通过外场强化复杂多相流动和传质，在这些领域做了一些基础研究，再将这些新的认识应用在生物流体打印中，目的是构建组织、器官层面的体外模型。这些新模型可以加速新药研发、促进组织移植修复和刺激再生，也能推动生物医药、生命化学工程创新技术发展。

我认为，面向生命健康的生命化学工程以及生物医药健康技术，会促使人类疾病的治疗走向个体化，治疗资源配置更精准，如何在复杂系统中找出规律既是科学的乐趣，也是挑战。我觉得作为一名青年科学家，最重要的是找到既符合自己兴趣，又有意义的研究领域。科研是几十年的时间维度，只有这样才能让自己的科研道路充满信念，更容易坚持下去。

我的理解是科学需要回答人类从哪里来、到哪里去的问题。生命科学能帮助我们人类理解自身和起源，能源、碳中和、气候变化这些是人类当前面前的重大挑战，航空航天和太空探索是人类回答去向何处作出的努力。

问题：有人说做科学研究需要学会面对孤独和勇敢。您如何看待这样的观点？是什么驱使您坚持走这条路？

孔湉湉：走这条路是机缘巧合，事先未做任何规划，从小虽然特别爱问为什么，但求学求职都比较随遇而安，没有很缜密的规划，性格使然。很幸运地是在学习道路上遇到许多榜样，比如我的导师们。从一开始我很好奇是什么使他们对科研那么有热情，随后在环境熏陶影响下，也激起了自己对科研的兴趣。

科学研究很多时候，真是念念不忘必有回响，能坚持的人就一定能坚持。其实也不会很孤独，科学家的精神一直在传承和回荡，不管在什么年代，人类科学家群星星光一直璀璨，照耀前行的路，借用我喜欢的球队利物浦的名言：你永远不会独行。

问题：随着世界变得越来越多样化，越来越多的青年科学家试图传达自己的个性和独特的魅力。对此您有何看法？您认为作为一个科研人员最重要的品质是什么？

孔湉湉：我觉得最重要的就是“知行合一”，“知”就大概是对科学的好奇心和求知欲吧，“行”就是执行力。有想法又能执行，缺一不可。每个科学家都挺独特的，所以如果我们回溯去看，每个人的科研兴趣和个性的结合，使得他们的研究方向和发展轨迹千差万别，充满多样性和各自的风格特色。

对我来说，学术界几乎处处都有学习和崇拜的榜样。很出名的，比如张益唐，他在找不到教职的情况下一直做自己热爱的数论，我觉得那种状态其实也是很平和、很幸福的。我也喜欢看颜宁的微博，她始终是做未知、具有挑战性、有趣的研究，非常酷！还有我的导师们在谈到科研的时候，总是充满对科学问题的激情，眼睛里放光。在这种良好环境下，我很快就感受到了做实验研究的乐趣，和大家讨论科研也特别容易有沉浸式的体验，就很快坚定了自己要全情投入在这行的决心。

问题：遇到困难或瓶颈时您会如何面对？在心态上有哪些变化？

孔湉湉：我觉得自己属于“笨鸟先飞”。在科研中遇到太多智力和精力都非常卓越的前辈、同行、前浪、后浪，深感笨鸟只有不忘初心、心无旁骛地先飞，努力工作、终身学习，才能有机会继续做研究。虽然很难做到真的心无杂念，但我经常这样提醒自己。

一方面，有时我会通过兴趣获得灵感。阅读是我从小就有的爱好，开头或题材能吸引我的书，我都看。这几年好科普书出了很多，能帮助自己对其他领域有所了解，从宏观角度理解整个领域，也能激发自己的联想能力。我也有一些运动的习惯，比如打羽毛球、爬山、跑步。

另一方面，面对困难时，我特别喜欢听前辈们的心路历程，感觉像是找灯塔。在自己压力很大的时候可以激励自己，比如博士后期间有好几个月，每天在实验室工作，也没什么进展，不知道如何突破。但这时候想想其他前辈都有这个学习和修炼的历程，就觉得自己还是应该抱着积极的心态，再多角度地想想解决办法，困难的时候真的是需要靠信念。

结语

踏实、沉稳，这是记者从孔湉湉身上“读”到最突出的特点。就是这样一位优秀的女性科学家，她不会用华丽的辞藻，而是选择了朴素大方、接地气的语言表达自己的看法。她有自己的追求，她关注那些闪闪发光的人，她知道星光背后是这些人们源源不断的努力和探索。她说用“几十年”作为时间维度，长路漫漫，是“心无杂念”的信念来主宰，正如她欣赏的同为女性科学家的普林斯顿大学教授颜宁演讲中说的那样：勇敢做独一无二的你。尽管前途未卜，只要你敢不懦弱 ，不迷失自己就好。不论成功与否，人生就像白驹过隙，不过百年，不做别人眼里优秀的自己，只做勇敢的、独一无二的自己。加油吧！

图2